▲ 多机位序列

▲ 应用字幕样式

▲ 关键帧动画效果

▲ 发散的光波

▲ 飘落的羽毛

▲ 文字书写效果

▲ 垂直翻转

▲ 逐渐显示的字幕

▲ VR色度泄漏

▲ 应用默认过渡效果

▲ VR光线

▲ VR球形模糊

▲ 电子相册

▲ VR光圈擦除

▲ 非叠加溶解

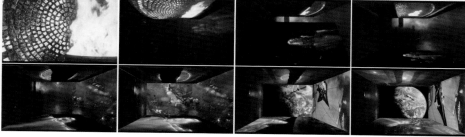

▲ 五画同映

▲ 交叉溶解

▲ 合成

▲ 菱形划像过渡

▲ 抠像

▲ 交叉划像过渡

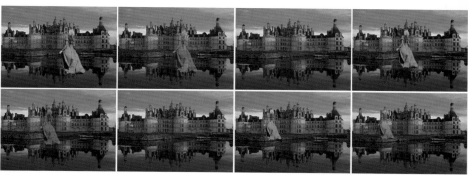

▲ 古堡精灵

▲ 波形变形

▲ 飞行的小孩

▲ 曝光过度

▲ 光照效果

▲ 镜头光晕

▲ 绘制商标图形

▲ 羽化边缘

▲ 片尾字幕

▲ 导出设置

▲ 应用预设字幕

▲ 输出视频文件

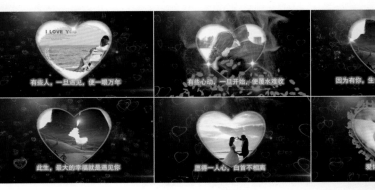
▲ 婚礼MV

高等院校多媒体专业通用教材

石磊 卫琳 编著

Premiere Pro 2021
视频编辑剪辑制作

清华大学出版社

北　京

内 容 简 介

本书详细介绍了 Premiere Pro 2021 中文版在影视后期制作方面的主要功能和应用技巧。全书共 14 章，第 1 章介绍视频编辑基础知识；第 2~13 章介绍 Premiere Pro 2021 软件知识，并配以大量实用的操作练习和实例，让读者在轻松的学习过程中快速掌握软件的使用技巧，同时达到对软件知识学以致用的目的；第 14 章主要讲解 Premiere 在影视后期制作专业领域的综合应用案例。

本书内容丰富、结构合理、思路清晰、语言简洁流畅，既适合作为相关院校广播电视类专业、影视艺术类专业和数字传媒类专业课程的教材，又适合作为影视后期制作人员的参考书。

本书提供实例操作的教学视频，读者通过扫描封底或者前言中的二维码即可观看。本书配套的电子课件、实例源文件和习题答案可以通过 http://www.tupwk.com.cn/downpage 网站下载，也可以通过扫描封底或前言中的二维码推送到指定邮箱。

图书在版编目(CIP)数据

Premiere Pro 2021视频编辑剪辑制作 / 石磊，卫琳编著.—北京：清华大学出版社，2022.1（2024.2 重印）

高等院校多媒体专业通用教材

ISBN 978-7-302-59849-7

Ⅰ.①P… Ⅱ.①石… ②卫… Ⅲ.①视频编辑软件—高等学校—教材 Ⅳ.①TP317.53

中国版本图书馆CIP数据核字(2021)第280327号

责任编辑：胡辰浩
封面设计：高娟妮
版式设计：妙思品位
责任校对：成凤进
责任印制：宋 林

出版发行：清华大学出版社
  网 址：https://www.tup.com.cn，https://www.wqxuetang.com
  地 址：北京清华大学学研大厦A座   邮 编：100084
  社 总 机：010-83470000   邮 购：010-62786544
  投稿与读者服务：010-62776969，c-service@tup.tsinghua.edu.cn
  质 量 反 馈：010-62772015，zhiliang@tup.tsinghua.edu.cn
印 装 者：三河市龙大印装有限公司
经 销：全国新华书店
开 本：203mm×260mm   印 张：17.5 插 页：2   字 数：528千字
版 次：2022年2月第1版   印 次：2024年2月第2次印刷
定 价：108.00元

产品编号：083531-01

Premiere 是目前影视后期制作领域应用最广泛的影视编辑软件，因其强大的视频编辑处理功能而备受用户的青睐。

本书主要面向 Premiere Pro 2021 的初、中级读者。本书从影视编辑初、中级读者的角度出发，合理安排知识点，运用简洁流畅的语言，结合丰富实用的练习和实例，由浅入深地讲解 Premiere 在影视编辑领域中的应用，让读者可以在最短的时间内学习到最实用的知识，轻松掌握 Premiere 在影视后期制作专业领域中的应用方法和技巧。

本书共 14 章，可分为 7 部分，各部分的具体内容如下。

■ 第 1 部分 (第 1 章)：主要讲解视频编辑基础知识，包括数字视频的概念、视频与音频格式、视频的基本概念、素材采集等内容。

■ 第 2 部分 (第 2~6 章)：主要讲解 Premiere 的项目和序列，包括新建项目、素材项目的管理、序列的创建与编辑、素材持续时间的修改、素材入点和出点的设置、时间轴面板和各种监视器面板的应用等内容。

■ 第 3 部分 (第 7~10 章)：主要讲解 Premiere 的视频效果和视频过渡相关知识，包括视频过渡的添加和设置、视频效果的添加和设置、动画效果的制作和视频合成等内容。

■ 第 4 部分 (第 11 章)：主要讲解 Premiere 的字幕设计，包括创建旧版标题字幕和开放式字幕、设置文字属性、应用字幕样式、绘制与编辑图形等内容。

■ 第 5 部分 (第 12 章)：主要讲解音频编辑，包括音频基础知识、Premiere 音频处理基础、编辑和设置音频、应用音频特效和音轨混合器等内容。

■ 第 6 部分 (第 13 章)：主要讲解渲染与输出，包括 Premiere 的渲染方式、项目的渲染与生成、项目输出类型、媒体导出与设置等内容。

■ 第 7 部分 (第 14 章)：主要讲解 Premiere 在影视编辑中的案例应用。

本书内容丰富、结构清晰、图文并茂、通俗易懂，适合以下读者学习使用：

(1) 从事影视后期制作的工作人员。

(2) 对影视后期制作感兴趣的业余爱好者。

(3) 电脑培训班里学习影视后期制作的学员。

(4) 高等院校相关专业的学生。

我们真切希望读者在阅读本书之后，不仅能开拓视野，还能提升实践操作技能，并且能学习和总结操作的经验和规律，提高灵活运用的水平。虽然我们在编写本书时已经竭尽所能，但鉴于水平有限，书中纰漏和考虑不周之处在所难免，欢迎读者批评、指正。我们的邮箱是 992116@qq.com，电话是 010-62796045。

　　另外，本书提供了实例操作的教学视频，读者通过扫描下方的二维码即可观看。本书配套的电子课件、实例源文件和习题答案可以通过 http://www.tupwk.com.cn/downpage 网站下载，也可以通过扫描下方的二维码推送到指定邮箱。

扫一扫看视频

配套资源扫描下载

作　者

2021 年 10 月

CONTENTS 目录

第一章 视频编辑基础知识

影视编辑技术经过多年的发展，已由最初的直接剪接胶片的形式发展到现在借助计算机进行数字化编辑的阶段，进入了非线性编辑的数字化时代。在学习影视编辑技术之前，首先需要对视频编辑基础知识有充分的了解和认识。本章将介绍视频编辑基础知识，包括线性编辑与非线性编辑技术、数字视频基础、视频的基本概念、视频和音频的常见格式、常用的编码解码器和素材采集等内容。

本章重点

- 非线性编辑技术
- 数字视频基础
- 视频的基本概念
- 视频和音频的常见格式
- 素材采集

1.1　影视编辑的发展阶段

随着电影的产生和发展，视觉表现力的丰富、完善，以及电影细节具体分工的产生，剪辑与合成作为重要的部分应运而生。到目前为止，影视编辑的发展共经历了物理剪辑方式、电子编辑方式、时码编辑方式和非线性编辑方式 4 个阶段。

1.1.1　物理剪辑方式

最初的电影剪辑方式是指按导演和剪辑师的创作意图将胶片直接剪开，用胶水或胶带连接的方式。1956 年，安培公司发明了磁带录像机，可以通过电视观看所编辑的节目，但节目的编辑形式仍沿用了电影的剪辑方式。这种编辑方式对磁带有损伤，节目磁带不能复用，编辑时也无法实时查看画面。

1.1.2　电子编辑方式

1961 年，随着录像技术和录像机功能的不断完善，电视编辑进入了电子编辑时代，可以利用标准的对编系统实现从素材到节目的转录。电子编辑避免了对磁带的损伤，在编辑过程中也可以查看编辑结果并及时进行修改。电子编辑的编辑精度不高，无法逐帧重放，因为带速不均匀会造成接点处出现跳帧现象。

1.1.3　时码编辑方式

1967 年，美国电子工程公司研制出了 EECO 时码系统。1969 年，使用 SMPTE/EBU 时码对磁带位置进行标记的方法实现了标准化，使用基于时码设备的编辑技术和手段不断涌现，编辑精度和编辑效率有了大幅度的提高。但是电视编辑仍无法实现编辑点的实时定位功能，磁带复制造成的信号损失问题也没有彻底解决。

1.1.4　非线性编辑方式

1970 年，美国率先研制出了非线性编辑系统，这种早期的模拟非线性编辑系统将图像信号以调频方式记录在磁盘上，可以随机确定编辑点。20 世纪 80 年代出现了纯数字非线性编辑系统，但当时压缩硬件的技术还不成熟，磁盘存储容量也很小，因而视频信号并不是以压缩方式记录的，系统也仅限于制作简单的广告和片头。到了 20 世纪 90 年代以后，随着数字媒体技术和存储技术的发展、实时压缩芯片的出现、压缩标准的建立以及相关软件技术的发展，非线性编辑系统进入了快速发展时期。

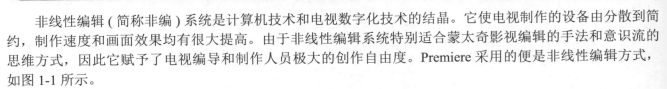

1.2　非线性编辑技术

非线性编辑（简称非编）系统是计算机技术和电视数字化技术的结晶。它使电视制作的设备由分散到简约，制作速度和画面效果均有很大提高。由于非线性编辑系统特别适合蒙太奇影视编辑的手法和意识流的思维方式，因此它赋予了电视编导和制作人员极大的创作自由度。Premiere 采用的便是非线性编辑方式，如图 1-1 所示。

图 1-1　Premiere 进行的非线性编辑

1.2.1　非线性编辑的概念

非线性编辑 (Digital Non-Linear Editing，DNLE) 是一种组合和编辑多个视频素材的方式。它使用户在编辑过程中，能够在任意时刻随机访问所有素材。

非线性编辑技术融入了计算机和多媒体这两个先进领域的前端技术，集录像、编辑、特技、动画、字幕、同步、切换、调音、播出等多种功能于一体，改变了人们剪辑素材的传统观念，克服了传统编辑设备的缺点，提高了视频编辑的效率。

非线性编辑系统是指把输入的各种音视频信号进行 A/D(模 / 数) 转换，采用数字压缩技术将其存入计算机硬盘。非线性编辑没有采用磁带，而是使用硬盘作为存储介质，记录数字化的音视频信号。由于硬盘可以满足在 1/25 秒 (PAL) 内完成任意一幅画面的随机读取和存储，因此可以实现音视频编辑的非线性。

提示

在此，补充说明一下线性编辑的概念。线性编辑又称为在线编辑，是一种传统的视频编辑手段，传统的电视编辑就属于此类编辑，是一种直接用母带进行剪辑的方式。如果要在编辑好的录像带上插入或删除视频片段，那么在插入点或删除点以后的所有视频片段都要重新移动一次，在操作上很不方便。

1.2.2　非线性编辑系统

非线性编辑的实现要靠软件与硬件的支持，这就构成了非线性编辑系统。非线性编辑系统从硬件上看，可由计算机、视频卡或 IEEE 1394 卡、声卡、高速 AV 硬盘、专用板卡以及外围设备构成。为了能够直接处理来自数字录像机的信号，有的非线性编辑系统还带有 SDI 标准的数字接口，以充分保证数字视频的输入 /输出质量。其中视频卡用来采集和输出模拟视频，也就是承担 A/D 和 D/A 的实时转换。从软件上看，非线性编辑系统主要由非线性编辑软件以及二维动画软件、三维动画软件、图像处理软件和音频处理软件等外围软件构成。随着计算机硬件性能的提高，视频编辑处理对专用器件的依赖性越来越小，软件的作用则更加突出。因此，掌握像 Premiere 之类的非线性编辑软件，就成了非线性编辑的关键。

非线性编辑系统的出现与发展，一方面使影视制作的技术含量在增加，越来越专业化；另一方面，也使影视制作更为简便，越来越大众化。一台家用电脑加装 IEEE 1394 卡，再配合 Premiere 就可以构成一个非线性编辑系统。

1.2.3 非线性编辑的特点

相对于线性编辑的制作途径，非线性编辑是在电脑中利用数字信息进行的视频、音频编辑，只需要使用鼠标和键盘就可以完成视频编辑的操作。非线性编辑的特点体现在以下几点。

1. 浏览素材

在查看存储在磁盘上的素材时，非线性编辑系统具有极大的灵活性。可以用正常速度播放，也可以快速重放、慢放和单帧播放，播放速度可无级调节，也可反向播放。

2. 帧定位

在确定帧时，非线性编辑系统的最大优点是可以实时定位，既可以手动操作进行粗略定位，又可以使用时间码精确定位到编辑点。

3. 调整素材长度

在调整素材长度时，非线性编辑系统通过时间码编辑可实现精确到帧的编辑，同时吸取了影片剪辑简便且直观的优点，可以参考编辑点前后的画面直接进行手工剪辑。

4. 组接素材

非线性编辑系统中各段素材的相互位置可以随意调整。在编辑过程中，可以随时删除节目中的一个或多个镜头，或向节目中的任一位置插入一段素材，也可以实现磁带编辑中常用的插入和组合编辑。

5. 素材联机和脱机

大多数非线性编辑系统采用联机编辑方式工作，这种编辑方式可充分发挥非线性编辑的特点，提高编辑效率，但同时也受到素材硬盘存储容量的限制。如果使用的非线性编辑系统支持时间码信号采集和编辑决策表 (Editorial Determination Table，EDT) 输出，则可以采用脱机方式处理素材量较大的节目。

6. 复制素材

非线性编辑系统中使用的素材全都以数字格式存储，因此在复制一段素材时，不会像磁带复制那样引起画面质量的下降。

7. 视频软切换

在剪辑多机拍摄的素材或同一场景多次拍摄的素材时，可以在非线性编辑系统中采用软切换的方法模拟切换台的功能。首先保证多轨视频精确同步，然后选择其中的一路画面输出，切换点可根据节目要求任意设定。

8. 视频特效

在非线性编辑系统中制作特效时，一般可以在调整特效参数的同时观察特效对画面的影响，尤其是软件特效，还可以根据需要扩充和升级，此时只需复制相应的软件升级模块就能增加新的特效功能。

9. 字幕制作

字幕与视频画面的合成方式有软件和硬件两种。软件字幕实际上使用了特技抠像的方法进行处理，生成的时间较长，一般不适合制作字幕较多的节目。

10. 音频编辑

大多数基于个人计算机 (PC) 的非线性编辑系统能直接从 CD 唱片、MIDI 文件录制波形声音文件，并可直接在屏幕上显示音量的变化,在使用编辑软件进行多轨声音的合成时,一般也不受总的音轨数量的限制。

11. 动画制作与画面合成

由于非线性编辑系统的出现,动画的逐帧录制设备已基本被淘汰。非线性编辑系统除了可以实时录制动画以外,还能通过抠像实现动画与实拍画面的合成,极大地丰富了节目制作的手段。

1.2.4 非线性编辑的优势与不足

从非线性编辑系统的作用来看,它集录像机、切换台、数字特技机、编辑机、多轨录音机、调音台、MIDI 创作等设备于一身,几乎包括所有的传统后期制作设备。这种高度的集成性,使得非线性编辑系统的优势更为明显。因此它能在广播电视界占据越来越重要的地位。总的来说,非线性编辑系统具有信号质量高、制作水平高、设备寿命长、便于升级、网络化等方面的优越性。

1. 信号质量高

使用传统的录像带编辑节目,素材磁带要磨损多次,而机械磨损是不可弥补的。另外,为了制作特技效果,还必须"翻版",每"翻版"一次,就会造成一次信号损失。而在非线性编辑系统中,无论如何处理或编辑节目带,这些缺陷是不存在的。信号被复制多次后,质量将是始终如一的。因此,非线性编辑系统能保证得到相当于模拟视频第二版质量的节目带,而使用线性编辑系统,绝不可能得到这么高的信号质量。

2. 制作水平高

使用传统的线性编辑方法制作一个十来分钟的节目,往往需对长达四五十分钟的素材带反复进行审阅比较,然后将所选择的镜头编辑组接,并进行必要的转场、特技处理。其中包含大量机械的重复劳动。而在非线性编辑系统中,大量的素材都存储在硬盘上,可以随时调用,不必费时费力地逐帧寻找。素材的搜索极其容易,不用像传统的编辑机那样来回倒带,只需要用鼠标拖动一个滑块,就能在瞬间找到需要的那一帧画面,搜索某段、某帧素材易如反掌。整个编辑过程就像文字处理一样,既灵活又方便。

3. 设备寿命长

非线性编辑系统对传统设备的高度集成,使后期制作所需的设备降至最少,有效地节约了投资。而且由于是非线性编辑,用户只需要一台录像机,在整个编辑过程中,录像机只需要启动两次,一次是输入素材,另一次是录制节目带。这样就避免了磁鼓的大量磨损,使得录像机的寿命大大延长。

4. 便于升级

影视制作水平的提高,总是对设备不断地提出新的要求,这一矛盾在传统的线性编辑系统中很难解决,因为这需要不断地进行投资。而使用非线性编辑系统,则能较好地解决这一矛盾。非线性编辑系统所采用的是易于升级的开放式结构,支持许多第三方的硬件和软件。通常,功能的增加只需要通过软件的升级就能实现。

5. 网络化

网络化是计算机的一大发展趋势,非线性编辑系统可充分利用网络方便地传输数字视频,实现资源共享,还可利用网络上的计算机协同创作,对于数字视频资源的管理、查询更是易如反掌。在一些电视台中,非线性编辑系统都在利用网络发挥着更大的作用。

6. 非线性编辑系统的不足

因非线性编辑系统的操作与传统的操作不同,所以显得比较专业化;受硬盘容量的限制,记录内容有限；实时制作受到技术制约，特技等内容不能太复杂；图像信号压缩有损失；必须预先把素材装入非线性编辑系统。

● 1.2.5 非线性编辑的流程

任何非线性编辑的工作流程，都可被简单地看成输入、编辑、输出 3 个步骤。

● 1. 素材的采集与输入

采集就是利用视频编辑软件，将模拟视频、音频信号转换成数字信号并存储到计算机中，或者将外部的数字视频存储到计算机中，成为可以处理的素材。输入主要是将其他软件处理过的图像、声音等，导入正在使用的视频编辑软件中。

● 2. 素材的编辑

素材的编辑就是设置素材的入点与出点，以选择最合适的部分，然后按时间顺序组接不同素材的过程。另外，还可以进行特技处理和字幕制作等操作。

- 特技处理：对于视频素材，特技处理包括转场、特效、合成叠加；对于音频素材，特技处理包括转场、特效。令人震撼的画面效果，就是在这一过程中产生的。而非线性编辑软件功能的强弱，往往也体现在这方面。
- 字幕制作：字幕是节目中非常重要的部分，它包括文字和图形两个方面。

● 3. 输出和生成

节目编辑完成后，就可以输出到录像带上；也可以生成视频文件，发布到网上、刻录到 VCD 和 DVD 等。

1.3 数字视频基础

在 Premiere 中进行视频编辑之前，首先需要了解数字视频的相关知识。

● 1.3.1 认识数字视频

对于消费者而言，数字视频也许仅意味着使用佳能、JVC、松下或索尼的最新摄像机拍摄的视频。数字视频摄像机拍摄的图片信息是以数字信号存储的，摄像机将图片数据转换为数字信号并保存在录像带中，与计算机将数据保存在硬盘上的方式相同。

在 Premiere 中，数字视频项目通常包含视频、静帧图像和音频，它们都已经数字化或者已经从模拟格式转换为数字格式。来自数码摄像机的以数字格式存储的视频和音频信息可以通过 IEEE 1394 端口直接传输到计算机中。因为数据已经数字化，所以 IEEE 1394 端口可以提供非常快的数据传输速度。

若要使用模拟摄像机拍摄的或者在模拟视频磁带上录制的视频影片，则首先需要将影片数字化。使用安装在 PC 上的"模拟 - 数字"采集卡可以处理这一过程。这些采集卡可以数字化音视频。专业的视频、广播和后期制作设备也可以使用串行数字传输接口 (SDTI 或 SDI) 来传送已压缩或无压缩的数据。

在 Premiere 中，视觉媒体，如照片和幻灯片，也需要在使用之前先转换为数字格式。扫描仪可以数字化幻灯片和静态照片，使用数码相机拍摄的幻灯片和照片也可以数字化。一旦将这些图像数字化并保存到计算机硬盘后，就可以直接将其载入 Premiere。调整好项目之后，数字视频制作过程的最后一步是将它输出到硬盘、DVD 或录像带中。

注意

DV(也称作 DV25) 指的是在消费者摄像机中使用的一种特定的数字视频格式。DV 使用了特定的画幅大小和帧速率。

1.3.2　数字视频的优势

相对于传统的模拟视频而言，数字视频具有众多优势。在数字视频中，可以自由地复制音视频而不会损失品质。然而，对于模拟视频来说，每次在录像带中将一段素材复制并传送一次，都会降低一些品质。

数字视频的主要优势在于：使用数字视频可以非线性方式编辑视频。传统的视频编辑需要编辑者从开始到结束逐段地以线性方式组装录像带作品。在线性编辑时，每段视频素材都录制在节目卷轴上的前一段素材之后。线性系统存在的一个问题是，重新编辑某个片段或者插入某个片段所花费的时间并不等于要替换的原始片段的持续时间。如果需要在作品的中间位置重新编辑一段素材，那么整个节目都需要重新编排。在整个过程中，都要将一切保持为原来的顺序，这无疑大大增加了工作的复杂度。

1.3.3　数字视频量化

模拟波形在时间和幅度上都是连续的。数字视频为了把模拟波形转换成数字信号，必须把这两个量纲转换成不连续的值。将幅度表示成一个整数值，而将时间表示成一系列按时间轴等步长的整数距离值。把时间转换成离散值的过程称为采样，而把幅度转换成离散值的过程称为量化。

1.3.4　数字视频的记录方式

视频的记录方式一般有两种：一种是以数字信号的方式记录；另一种是以模拟信号的方式记录。

数字信号以 0 和 1 记录数据内容，常用于一些新型的视频设备，如 DC、Digits、Beta Cam 和 DV-Cam 等。数字信号可以通过有线和无线的方式传播，传输质量不会随着传输距离的变化而变化，但必须使用特殊的传输设置，在传输过程中不受外部因素的影响。

模拟信号以连续的波形记录数据，用于传统的影音设备，如电视、摄像机、VHS、S-VHS、V8、Hi8 摄像机等。模拟信号也可以通过有线和无线的方式传播，传输质量会随着传输距离的增加而衰减。

1.3.5　隔行扫描与逐行扫描

在早期的电视播放技术中，视频工程师发明了这样一种制作图像的扫描技术，即对视频显示器内部的荧光屏每次发射一行电子束。为防止扫描到达底部之前顶部的行消失，工程师们将视频帧分成两组扫描行：偶数行和奇数行。每次扫描 (称作视频场) 都会向前显示 1/60 秒的视频效果。在第一次扫描时，视频屏幕的奇数行从右向左绘制 (第 1 行，第 3 行，第 5 行……)。第二次扫描偶数行。因为扫描得太快，所以肉眼看不到闪烁。此过程即称作隔行扫描。因为每个视频场都显示 1/60 秒，所以一个视频帧会每 1/30 秒出现一次，视频的帧速率是 30 帧 / 秒。视频录制设备就是以这种方式设计的，即以 1/60 秒的速率创建隔行扫描域。

许多更新的摄像机能一次渲染整个视频帧，因此无须隔行扫描。每个视频帧都是逐行绘制的，从第 1 行到第 2 行，再到第 3 行，以此类推。此过程即称作逐行扫描。某些使用逐行扫描技术进行录制的摄像机能以 24 帧 / 秒的帧速率录制，并且能生成比隔行扫描品质更高的图像。Premiere 提供了用于逐行扫描设备的预设，在 Premiere 中编辑逐行扫描视频后，制片人就可以将其导出到类似 Adobe Encore DVD 之类的程序中，在其中可以创建逐行扫描 DVD。

1.3.6　时间码

在视频编辑中，通常用时间码来识别和记录视频数据流中的每一帧，从一段视频的起始帧到终止帧，其间的每一帧都有一个唯一的时间码地址。根据动画和电视工程师协会 (Society of Motion Picture and Television Engineers，SMPTE) 使用的时间码标准，其格式为"小时 : 分钟 : 秒 : 帧"或"hours:minutes:seconds:frames"。一段长度为 00:02:31:15 的视频片段的播放时间为 2 分 31 秒 15 帧，如果以 30 帧 / 秒的帧速率播放，则播放时间为 2 分 31.5 秒。

由于技术的原因，NTSC 制式实际使用的帧速率是 29.97 帧 / 秒而不是 30 帧 / 秒，因此在时间码与实际播放时间之间有 0.1% 的误差。为了解决这个误差问题，设计了丢帧 (drop-frame) 格式，即在播放时每分钟要丢两帧 (实际上是有两帧不显示而不是从文件中删除)，这样可以保证时间码与实际播放时间一致。与丢帧格式对应的是不丢帧 (non-drop-frame) 格式，该格式会忽略时间码与实际播放帧之间的误差。

1.4　视频的基本概念

Premiere 是革新性的非线性视频编辑应用软件，可以在完成编辑后方便快捷地随意修改而不损失图像质量。在学习使用 Premiere 进行视频编辑之前，首先要掌握视频编辑中的基本概念。

1.4.1　动画

在视频编辑中，动画是指通过迅速显示一系列连续的图像而产生动作模拟效果，如图 1-2 所示。

图 1-2　动画效果

1.4.2　帧

电视、电影中的影片虽然都是动画影像，但这些影片其实都是由一系列连续的静态图像组成的，在单位时间内的这些静态图像就称为帧。由于人眼对运动物体具有视觉残像的生理特点，因此当某段时间内一组动作连续的静态图像依次快速显示时，就会被"感觉"是一段连贯的动画了。

1.4.3　关键帧

关键帧是素材中的一个特定帧，它被标记是为了特殊编辑或控制整个动画。当创建一个视频时，在需要大量数据传输的部分指定关键帧有助于控制视频回放的平滑程度。

1.4.4　帧速率

电视或显示器上每秒扫描的帧数即帧速率。帧速率的大小决定了视频播放的平滑程度。帧速率越高，动画效果越平滑，反之就会有阻塞。在视频编辑中也常常利用这样的特点，通过改变一段视频的帧速率来实现快动作与慢动作的表现效果。

标准 DV NTSC(北美和日本标准) 视频的帧速率是 29.97 帧 / 秒；欧洲的标准帧速率是 25 帧 / 秒。欧洲使用逐行倒相 (Phase Alternate Line，PAL) 系统。电影的标准帧速率是 24 帧 / 秒。新高清视频摄像机也能够以 24 帧 / 秒 (准确地说是 23.976 帧 / 秒) 的帧速率录制。

在 Premiere 中帧速率是非常重要的，它能帮助测定项目中动作的平滑度。通常，项目的帧速率与视频影片的帧速率相匹配。例如，如果使用 DV 设备将视频直接采集到 Premiere 中，那么采集速率会被设置为 29.97 帧 / 秒，以匹配为 Premiere 的 DV 项目设置的帧速率。

1.4.5　像素

像素是图像编辑中的基本单位。像素是一个个有色方块，图像由许多像素以行和列的方式排列而成。文件包含的像素越多，所含的信息也越多，所以文件越大，图像品质也就越好。

1.4.6　场

视频素材分为交错式和非交错式。交错视频的每一帧由两个场 (Field) 构成，称为场 1 和场 2，也称为奇场 (Odd Field) 和偶场 (Even Field)，在 Premiere 中分别称为上场 (Upper Field) 和下场 (Lower Field)，这些场按照顺序显示在 NTSC 或 PAL 制式的显示器上，从而产生高质量的平滑图像。

1.4.7　视频制式

大家平时看到的电视节目都是经过视频处理后进行播放的。由于世界上各个国家对电视视频制定的标准不同，其制式也有一定的区别。各种制式的区别主要表现在帧速率、分辨率、信号带宽等方面，而现行的彩色电视制式有 NTSC、PAL 和 SECAM 三种。

- NTSC(National Television System Committee)：这种制式主要在美国、加拿大等大部分西半球国家以及日本、韩国等国家被采用。
- PAL(Phase Alternation Line)：这种制式主要在中国、英国、澳大利亚、新西兰等国家被采用。根据其中的细节可以进一步划分成 G、I、D 等制式，我们国家采用的是 PAL-D。
- SECAM：这种制式主要在法国、东欧、中东等地被采用。这是一种按顺序传送与存储彩色信号的制式。

NTSC、PAL 和 SECAM 三种制式的区别如表 1-1 所示。

表 1-1　NTSC、PAL 和 SECAM 的区别

区　　别		制式		
		NTSC	PAL	SECAM
帧频 /(帧 / 秒)		30	25	25
行频 /(行 / 秒)		525	625	625
亮度带宽 / MHz		4.2	6.0	6.0
色度带宽	量符号 /U	1.4	1.4	>1.0
	量符号 /V	0.6	0.6	>1.0
声音载波 / MHz		4.5	6.5	6.5

1.4.8　视频画幅大小

数字视频作品的画幅大小决定了 Premiere 项目的宽度和高度。在 Premiere 中，画幅大小是以像素为单位进行计算的。像素是计算机显示器上能显示的最小图片元素。如果正在工作的项目使用的是 DV 影片，那么通常使用 DV 标准画幅大小，即 720×480 像素，HDV 视频摄像机可以录制 1280×720 像素和 1400×1080 像素大小的画幅。更昂贵的高清 (HD) 设备能以 1920×1080 像素进行拍摄。

在 Premiere 中，也可以在画幅大小不同于原始视频画幅大小的项目中进行工作。例如，使用用于 iPod 或手机视频的设置创建项目，对 DV 影片 (720×480 像素) 进行编辑，此项目的编辑画幅大小将是

640×480 像素，而且它将以 240×480 像素的 QVGA(四分之一视频图形阵列) 画幅大小进行输出。

1.4.9 像素纵横比

在 DV 出现之前，多数台式计算机视频系统中使用的标准画幅大小是 640×480 像素。计算机图像是由正方形像素组成的，因此 640×480 像素和 320×240 像素 (用于多媒体) 的画幅大小非常符合电视的纵横比 (宽度比高度)，即 4 : 3(每 4 个正方形横向像素，对应有 3 个正方形纵向像素)。

但是，在使用 720×480 像素或 720×486 像素的 DV 画幅大小进行工作时，图像不是很清晰。这是由于：如果创建的是 720×480 像素的画幅大小，那么纵横比就是 3 : 2，而不是 4 : 3 的电视标准。因此就需要使用矩形像素 (比宽度更高的非正方形像素) 将 720×480 像素压缩为 4 : 3 的纵横比。

在 Premiere 中创建 DV 项目时，可以看到 DV 像素纵横比被设置为 0.9 而不是 1。此外，如果在 Premiere 中导入画幅大小为 720×480 像素的影片，那么像素纵横比将自动被设置为 0.9。

1.5 视频和音频的常见格式

在学习使用 Premiere 进行视频编辑之前，读者首先需要了解数字视频与音频技术的一些基本知识。下面将介绍常见的视频格式和音频格式。

1.5.1 常见的视频格式

目前对视频压缩编码的方法有很多种，应用的视频格式也就有很多种，其中最有代表性的就是 MPEG 数字视频格式和 AVI 数字视频格式。下面就介绍一下几种常用的视频存储格式。

1. AVI(Audio/Video Interleave) 格式

这是一种专门为微软公司的 Windows 环境设计的数字视频文件格式，这种视频格式的好处是兼容性好、调用方便、图像质量好，缺点是占用的空间大。

2. MPEG(Motion Picture Experts Group) 格式

该格式包括 MPEG-1、MPEG-2、MPEG-4。MPEG-1 被广泛应用于 VCD 的制作和网络上一些供下载的视频片段，使用 MPEG-1 的压缩算法可以把一部 120 分钟长的非视频文件的电影压缩到 1.2GB 左右。MPEG-2 则应用在 DVD 的制作方面，同时在一些 HDTV(高清晰电视广播) 和一些高要求视频的编辑和处理上也有一定的应用空间；相对于 MPEG-1 的压缩算法，MPEG-2 可以制作出在画质等方面性能远远超过 MPEG-1 的视频文件，但是容量也不小，为 4 ~ 8GB。MPEG-4 是一种新的压缩算法，可以将用 MPEG-1 压缩成 1.2GB 的文件压缩到 300MB 左右，供网络播放。

3. ASF(Advanced Streaming Format) 格式

这是微软公司为了和现在的 Real Player 公司竞争而创建的一种可以直接在网上观看视频节目的流媒体文件压缩格式，即一边下载一边播放，不用存储到本地硬盘上。

4. nAVI(newAVI) 格式

这是一种新的视频格式，由 ASF 的压缩算法修改而来，它拥有比 ASF 更高的帧速率，但是以牺牲 ASF 的视频流特性为代价。也就是说，它是非网络版本的 ASF。

5. DIVX 格式

该格式的视频编码技术可以说是一种对 DVD 造成威胁的新生视频压缩格式。由于它使用的是 MPEG-4

压缩算法，因此可以在对文件尺寸进行高度压缩的同时，保持非常清晰的图像质量。

6. QuickTime 格式

QuickTime(MOV) 格式是苹果公司创建的一种视频格式，在图像质量和文件尺寸的处理方面具有很好的平衡性。

7. Real Video(RA、RAM) 格式

该格式主要定位于视频流应用方面，是视频流技术的创始者。可以在 56kb/s 调制解调器的拨号上网条件下实现不间断的视频播放，因此必须通过损失图像质量的方式来控制文件的大小，图像质量通常较差。

1.5.2　常见的音频格式

音频是指一个用来表示声音强弱的数据序列，由模拟声音经采样、量化和编码后得到。不同的数字音频设备一般对应不同的音频格式文件。音频的常见格式有 WAV、MP3、Real Audio、MP3 Pro、MP4、MIDI、WMA、VQF、AAC 等。下面介绍几种常见的音频格式。

1. WAV 格式

WAV 格式是微软公司开发的一种声音文件格式，也称为波形声音文件，是最早的数字音频格式。Windows 平台及其应用程序都支持这种格式。这种格式支持 MSADPCM、CCITT A-Law 等多种压缩算法，并支持多种音频位数、采样频率和声道。标准的 WAV 文件和 CD 格式一样，也是 44 100Hz 的采样频率，速率为 88kb/s，16 位量化位数。因此 WAV 的音质和 CD 差不多，也是目前广为流行的声音文件格式。

2. MP3 格式

MP3 的全称为"MPEG Audio Layer-3"。Layer-3 是 Layer-1、Layer-2 以后的升级版产品。与其前身相比，Layer-3 具有最好的压缩率，并被命名为 MP3，其应用最为广泛。

3. Real Audio 格式

Real Audio 是由 Real Networks 公司推出的一种文件格式，其最大的特点就是可以实时传输音频信息，现在主要用于网上在线音乐欣赏。

4. MP3 Pro 格式

MP3 Pro 格式由瑞典的 Coding 科技公司开发，其中包含两大技术：一是来自 Coding 科技公司所特有的解码技术；二是由 MP3 的专利持有者——法国汤姆森多媒体公司和德国 Fraunhofer 集成电路协会共同研发的一项译码技术。

5. MP4 格式

MP4 是采用美国电话电报公司 (AT&T) 所开发的以"知觉编码"为关键技术的音乐压缩技术，由美国网络技术公司 (GMO) 及 RIAA 联合发布的一种新的音乐格式。MP4 在文件中采用了保护版权的编码技术，只有特定用户才可以播放，这有效地保护了音乐版权。另外，MP4 的压缩比达到 1∶15，体积比 MP3 更小，音质却没有下降。

6. MIDI 格式

MIDI(Musical Instrument Digital Interface) 又称乐器数字接口,是数字音乐电子合成乐器的国际统一标准。它定义了计算机音乐程序、数字合成器及其他电子设备之间交换音乐信号的方式，规定了不同厂家的电子乐器与计算机连接的电缆、硬件及设备的数据传输协议，可以模拟多种乐器的声音。

7. WMA 格式

WMA(Windows Media Audio) 是由微软公司开发的用于 Internet 音频领域的一种音频格式。音质要强于 MP3 格式，更远胜于 RA 格式。WMA 格式的压缩比一般都可以达到 1：18，WMA 格式还支持音频流技术，适合网上在线播放。

8. VQF 格式

VQF 格式是由 YAMAHA 和 NTT 共同开发的一种音频压缩技术，它的核心是通过减少数据流量但保持音质的方法来达到更高的压缩比，压缩比可达到 1：18。因此相同情况下压缩后的 VQF 文件的体积比 MP3 的要小 30%~50%，更利于网上传播，同时音质极佳，接近 CD 音质 (16 位 44.1kHz 立体声)。

1.6　常用的编码解码器

在生成预演文件及最终节目影片时，需要选择一种合适的针对视频和音频的编码解码器程序。当在计算机显示器上预演或播放的时候，一般都使用软件压缩方式；而当在电视机上预演或播放时，则需要使用硬件压缩方式。

在正确安装各种常用的音视频解码器后，在 Premiere 中才能导入相应的素材文件，以及将项目文件输出为相应的影片格式。

1.6.1　常用的视频编码解码器

在影片制作中，常用的视频编码解码器包括如下几种。

- Indeo Video 5.10：一种常用于在 Internet 上发布视频文件的压缩方式。这种编码解码器的优点在于能够快速压缩所指定的视频，而且该编码解码器还采用了逐步下载方式，以适应不同的网络速度。
- Microsoft RLE：用于压缩包含大量平缓变化颜色区域的帧。它使用空间的 89 位全长编码 (RLE) 压缩器，在质量参数被设置为 100% 时，几乎没有质量损失。
- Microsoft Video1：一种有损的空间压缩的编码解码器，支持深度为 8 位或 16 位的图像，主要用于压缩模拟视频。
- Intel Indeo(R) Video R3.2：用于压缩从 CD-ROM 导入的 24 位视频。同 Microsoft Video1 编码解码器相比，其优点在于包含较高的压缩比、较好的图像质量以及较快的播入速度。对于未使用有损压缩的源数据，应用 Indeo Video 编码解码器可获得最佳效果。
- Cinepak Codec by Radius：用于从 CD-ROM 导入或从网络下载的 24 位视频文件。同 Video 编码解码器相比，它具有较高的压缩比和较快的播入速度，并可设置播入数据率，但当数据的播入速度低于 30kb/s 时，图像质量明显下降。它是一种高度不对称的编码解码器，即解压缩要比压缩快得多。最好在输出最终版本的节目文件时使用这种编码解码器。
- DiveX:MPEG-4Fast-Motion 和 DiveX:MPEG-4Low-Motion：当系统安装了 MPEG-4 的视频插件后，就会出现这两种视频编码解码器，用来输出 MPEG-4 格式的视频文件。MPEG-4 格式的图形质量接近于 DVD，声音质量接近于 CD，而且具有相当高的压缩比，因此是一种非常出色的视频编码解码器。这两种视频编码解码器因其卓越的性能和出色的表现在多媒体领域迅速壮大起来。MPEG-4 主要应用于视频电话 (Video Phone)、视频电子邮件 (Video E-mail) 和电子新闻 (Electronic News) 等，其传输速率要求在 4800~6400b/s，分辨率为 176×144 像素。MPEG-4 利用窄的带宽，通过帧重建技术压缩和传输数据，以最小的数据获取最佳的图像质量。

● Intel Indeo(TM) Video Raw：使用该视频编码解码器能捕获图像质量极高的视频，其缺点就是要占用大量的磁盘空间。

1.6.2 常用的音频编码解码器

在影片制作中，常用的音频编码解码器包括如下几种。

● Dsp Group True Speech (TM)：该音频编码解码器适用于压缩以低数据率在 Internet 上传播的语音。

● GSM 6.10：该音频编码解码器适用于压缩语音，在欧洲用于电话通信。

● Microsoft ADPCM：ADPCM 是数字 CD 的格式，是一种用于将声音和模拟信号转换为二进制信息的技术，它通过一定的时间采样来取得相应的二进制数，是能存储 CD 质量音频的常用数字化音频格式。

● IMA：由 Interactive Multimedia Association (IMA) 开发的、关于 ADPCM 的一种实现方案，适用于压缩交叉平台上使用的多媒体声音。

● CCITTU 和 CCITT：该音频编码解码器适用于语音压缩，用于国际电话与电报通信。

注意

如果在影片制作过程中缺少某种解码器，则不能使用该类型的素材。用户可以在相应的网站下载并安装这些解码器。

1.7 素材采集

Premiere 项目中视频素材的质量通常决定着作品的效果，决定素材源质量的主要因素之一是如何采集视频，Premiere 提供了非常高效可靠的采集选项。

1.7.1 实地拍摄素材

实地拍摄是取得素材的最常用方法，在进行实地拍摄之前，应检查好电池电量，并实地考察现场的大小、灯光情况、主场景的位置，然后选定自己拍摄的位置，以便确定要拍摄的内容。

拍摄完毕后，可以在 DV 机中回放所拍摄的片段，也可以通过 DV 机的 S 端子或 AV 输出与电视机连接，在电视机上欣赏。如果要对所拍的片段进行编辑，就必须将 DV 带里所存储的视频素材传输到计算机中，这个过程称为视频素材的采集。

提示

将 DV 与 IEEE 1394 接口连接好后，就可以开始采集文件了。具体的操作步骤可以参考硬件附带的说明书。

1.7.2 在 Premiere 中进行素材采集

如果计算机有 IEEE 1394 接口 (如图 1-3 所示)，就可以使用 IEEE 1394 连接线 (如图 1-4 所示) 将数字化的数据从 DV 摄像机直接传送到计算机中。DV 和 HDV 摄像机实际上在拍摄时就数字化并压缩了信号，因此，IEEE 1394 接口是已数字化的数据和 Premiere 之间的一条通道。

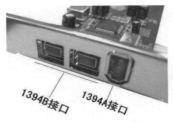 

图 1-3　IEEE 1394 接口　　　　图 1-4　IEEE 1394 连接线

如果设备与 Premiere 兼容，那就可以在 Premiere 中选择"文件"|"捕捉"命令，然后在打开的捕捉窗口中进行采集启动、停止和预览操作，如图 1-5 所示。

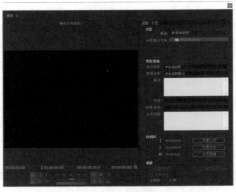

图 1-5　Premiere 的捕捉窗口

提示

要将 DV 或 HDV 摄像机连接到计算机的 IEEE 1394 端口非常简单。只需将 IEEE 1394 线缆插进摄像机的 DV 入 / 出插孔，然后将另一端插进计算机的 IEEE 1394 插孔。

1.8　本章小结

本章主要介绍了视频编辑的基础知识，读者需要了解线性编辑与非线性编辑技术、数字视频基础、视频的基本概念、视频和音频的常见格式、常用的编码解码器和素材采集等知识，为以后的视频编辑学习打下良好的基础。

1.9　思考与练习

1. _____是指在定片显示器上进行编辑的一种传统方式。
2. _____是一种组合和编辑多个视频素材的方式。
3. _____的大小决定了视频播放的平滑程度。
4. 到目前为止，影视编辑发展共经历了哪几个阶段？
5. 非线性编辑与线性编辑的区别是什么？
6. 在视频编辑中，帧和帧速率分别指什么？
7. 在视频编辑中，帧速率的作用是什么？
8. 视频记录一般有哪两种方式？这两种记录方式是怎样的？

第 2 章 Premiere Pro 2021 基础知识

　　Premiere 是目前最流行的非线性编辑软件，是一款强大的数字视频编辑工具。Premiere Pro 2021 作为最新版本的视频编辑软件，拥有前所未有的视频编辑能力和灵活性，是视频爱好者使用最多的视频编辑软件之一。本章将介绍 Premiere Pro 2021 的基础知识，包括 Premiere 的应用领域、工作方式、Premiere Pro 2021 的工作界面和基本操作，以及 Premiere 影视制作流程等内容。

本章重点

- Premiere Pro 2021 的工作界面
- Premiere 视频编辑的基本流程

二维码教学视频

【练习 2-1】卸载旧版本 Premiere
【练习 2-2】调整各个面板的大小
【练习 2-3】调整面板位置
【练习 2-4】将面板创建为浮动面板
【练习 2-5】打开和关闭面板

2.1 Premiere 快速入门

Premiere 是一款视频编辑软件，在学习使用它进行视频编辑之前，首先需要了解一些有关它的基础知识。

2.1.1 Premiere 的作用

Premiere 拥有创建动态视频作品所需的所有工具，无论是为 Web 创建一段简单的视频剪辑，还是创建复杂的纪录片、摇滚视频、艺术活动或婚礼视频，Premiere 都是最佳的视频编辑工具。

下面列出了一些使用 Premiere 可以完成的制作任务。

- 将数字视频素材编辑为完整的数字视频作品。
- 从摄像机或录像机采集视频。
- 从麦克风或音频播放设备采集音频。
- 加载数字图形、视频和音频素材库。
- 对素材添加视频过渡和视频特效。
- 创建字幕和动画字幕特效，如滚动或旋转字幕。

2.1.2 Premiere 的工作方式

在传统或线性视频产品中，所有作品元素都被传送到录像带中。在编辑过程中，最终作品需要电子编辑到最终或节目录像带中。即使在编辑过程中使用了计算机，录像带的线性或模拟本质也会使整个过程非常耗时。

非线性编辑程序 (通常缩写为 NLE，如 Premiere) 完全颠覆了整个视频编辑过程。数字视频和 Premiere 消除了传统编辑过程中耗时的制作过程。使用 Premiere 时，不必到处寻找磁带或者将它们放入磁带机和从中移走它们。制作人使用 Premiere 时，所有的作品元素都被数字化到磁盘中。Premiere 的 "项目" 面板中的图标代表了作品中的各个元素，无论是一段视频素材、声音素材，还是一幅静帧图像都被当作元素。面板中代表最终作品的图标称为时间轴。时间轴的焦点是视频和音频轨道，它们是横过屏幕从左延伸到右的平行条。当需要使用视频素材、声音素材或静帧图像时，只需在 "项目" 面板中将其选中并拖动到时间轴中的一个轨道上即可。可以依次将作品中的项目放置或拖动到不同的轨道上。在工作时，可以通过单击时间轴的期望部分访问自己作品的任意部分。也可以单击或拖动一段素材的起始或末尾以缩短或延长其持续时间。

要调整编辑内容，可以在 Premiere 的素材源监视器和节目监视器中逐帧查看和编辑素材。也可以在素材源监视器面板中设置出点和入点。设置入点是指定素材开始播放的位置，设置出点是指定素材停止播放的位置。因为所有素材都已经数字化 (而且没有使用录像带)，所以 Premiere 能够快速调整所编辑的最终作品。

2.1.3 安装与卸载 Premiere

本节将介绍 Premiere 的安装与卸载方法。该软件的安装和卸载操作与其他软件基本相同。

1. 安装 Premiere Pro 2021 的系统要求

随着软件版本的不断更新，Premiere 的视频编辑功能也越来越强大，同时文件的安装大小也与日俱增。为了能够让用户完美地体验所有功能的应用，安装 Premiere Pro 2021 时对计算机的硬件配置就提出了一定要求。安装 Premiere Pro 2021 对操作系统和硬件的要求如表 2-1 所示。

表 2-1　Premiere Pro 2021 对操作系统和硬件的要求

操作系统与硬件	要　　求
操作系统	Microsoft Windows 10(64 位) 版本 1809 或更高版本
处理器	Intel® 第 7 代或更高版本的 CPU，或相当的 AMD
内存	8GB RAM(建议使用 16GB RAM)
显示器分辨率	1920 × 1080 像素或更高
磁盘空间	安装需要 8GB
声卡	兼容 ASIO 或 Microsoft Windows 驱动程序模型

2. 安装 Premiere Pro 2021

Premiere Pro 2021 的安装十分简单，如果计算机中已经有其他版本的 Premiere 软件，则不必卸载其他版本的软件，只需将运行的相关软件关闭即可。打开 Premiere Pro 2021 安装文件，双击 Setup.exe 安装文件图标，然后根据向导提示即可进行安装。

3. 卸载 Premiere

如果要将计算机中的 Premiere 删除，可以通过 Windows 的设置面板将其卸载，卸载 Premiere 应用程序的方法如下。

【练习 2-1】卸载旧版本 Premiere

01 单击屏幕左下方的"开始"菜单按钮，在弹出的菜单中单击"设置"命令，如图 2-1 所示。

图 2-1　单击"设置"命令

02 在弹出的窗口中单击"应用"链接，如图 2-2 所示。

图 2-2　单击"应用"链接

03 在新出现的窗口的左侧选择"应用和功能"选项，如图 2-3 所示。

图 2-3　选择"应用和功能"选项

04 在窗口右侧选择要卸载的 Premiere 应用程序，然后单击"卸载"按钮，即可将指定的 Premiere 程序卸载，如图 2-4 所示。

图 2-4　单击"卸载"按钮

2.2 Premiere Pro 2021 的工作界面

为了方便使用 Premiere Pro 2021 进行视频编辑，首先需要熟悉 Premiere Pro 2021 的工作界面，并掌握该工作界面的调整方法。

2.2.1 启动 Premiere Pro 2021

同启动其他应用程序一样，安装好 Premiere Pro 2021 后，可以通过以下两种方法来启动它。

- 双击桌面上的 Premiere Pro 2021 快捷图标 ，启动 Premiere Pro 2021。
- 单击计算机屏幕左下角的"开始"菜单按钮 ，然后找到 Adobe Premiere Pro 2021 命令并单击它，启动 Premiere Pro 2021。

执行上述操作后，可以进入程序的启动界面，如图 2-5 所示。随后将出现主页界面，通过该界面，可以打开最近编辑的几个影片项目文件，以及执行新建项目和打开项目的操作，如图 2-6 所示。

- 新建项目：单击此按钮，可以创建一个新的项目文件并进行视频编辑。
- 打开项目：单击此按钮，可以打开一个在计算机中已有的项目文件。

图 2-5　启动界面

图 2-6　主页界面

提示

默认状态下，Adobe Premiere Pro 2021 可以显示用户最近使用过的 5 个项目文件的路径，它们以名称列表的形式显示在"最近使用项"一栏中，用户只需单击所要打开项目的文件名，就可以快速地打开该项目文件。

2.2.2 认识 Premiere Pro 2021 的工作界面

Premiere Pro 2021 的功能面板是使用 Premiere 进行视频编辑的重要工具，主要包括"项目""时间轴""监视器"等功能面板，本节将介绍其中几种常用面板的主要功能。

启动 Premiere Pro 2021 应用程序，然后选择"文件"|"新建"|"项目"命令，新建一个项目，在工作界面中会自动出现几个面板。Premiere Pro 2021 的工作界面主要由菜单栏和各部分功能面板组成，如图 2-7 所示。

图 2-7　Premiere Pro 2021 的工作界面

 提示

Premiere 视频制作涵盖了多方面的任务，要完成一部作品，可能需要采集视频、编辑视频，以及创建字幕、切换效果和特效等，Premiere 窗口可以帮助用户分类及组织这些任务。

1. 项目面板

如果所工作的项目中包含许多视频、音频素材和其他作品元素，那么应该重视 Premiere 的"项目"面板。在"项目"面板中开启"预览区域"后，可以单击"播放 - 停止切换"按钮▶来预览素材，如图 2-8 所示。

2. 时间轴面板

"时间轴"面板并非仅用于查看，它也是可交互的。使用鼠标把视频和音频素材、图形和字幕从"项目"面板拖到时间轴中即可创作自己的作品。"时间轴"面板是视频作品的基础，创建序列后，在"时间轴"面板中可以组合项目的视频与音频序列、特效、字幕和切换效果，如图 2-9 所示。

图 2-8　预览素材　　　　　　　　　　　　　　　　图 2-9　"时间轴"面板

3. 监视器面板

监视器面板主要用于在创建作品时对作品进行预览。Premiere Pro 2021 提供了 3 种不同的监视器面板："源监视器""节目监视器""参考监视器"面板。

- 源监视器："源监视器"面板用于显示还未放入时间轴的视频序列中的源影片，如图 2-10 所示。可以使用"源监视器"面板设置素材的入点和出点，然后将它们插入或覆盖到自己的作品中。"源监视器"面板也可以显示音频素材的音频波形，如图 2-11 所示。

图 2-10　"源监视器"面板

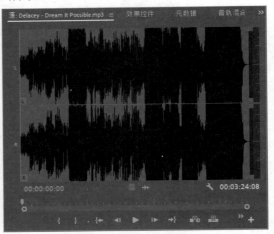

图 2-11　显示音频波形

- 节目监视器："节目监视器"面板用于显示在时间轴的视频序列中组装的素材、图形、特效和切换效果，如图 2-12 所示。要在"节目监视器"面板中播放序列，只需单击窗口中的"播放 - 停止切换"按钮 ▶ 或按空格键即可。如果在 Premiere 中创建了多个序列，则可以在"节目监视器"面板的序列下拉列表中选择其他序列作为当前的节目内容，如图 2-13 所示。

图 2-12　"节目监视器"面板

图 2-13　选择其他序列

- 参考监视器：在许多情况下，"参考监视器"面板是另一个节目监视器。许多 Premiere 编辑操作使用它来调整颜色和音调，因为在"参考监视器"面板中查看视频示波器 (可以显示色调和饱和度级别) 的同时，可以在该面板中查看实际的影片，如图 2-14 所示。

4. 音轨混合器面板

使用"音轨混合器"面板可以混合不同的音频轨道、创建音频特效和录制叙述材料，如图 2-15 所示。使用"音轨混合器"面板可以查看混合音频轨道并应用音频特效。

图 2-14　"参考"监视器面板

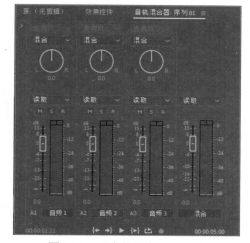

图 2-15　"音轨混合器"面板

5. 效果面板

使用"效果"面板可以快速应用多种音频效果、音频过渡、视频效果和视频过渡。例如，在"视频过渡"文件夹中包含 3D 运动、内滑、伸缩、划像、擦除等过渡类型，如图 2-16 所示。

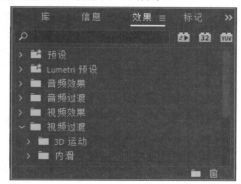

图 2-16　"效果"面板

6. 效果控件面板

使用"效果控件"面板可以快速创建音频效果、视频效果和视频过渡。例如，在"效果"面板中选定一种效果，然后将它直接拖到"效果控件"面板中，就可以对素材添加这种效果。如图 2-17 所示的"效果控件"面板包含其特有的时间轴和一个缩放时间轴的滑块控件。

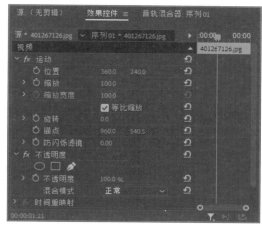

图 2-17　"效果控件"面板

7. 工具面板

Premiere "工具"面板中的工具主要用于在"时间轴"面板中编辑素材，如图 2-18 所示。在"工具"面板中单击某个工具即可激活它。

8. 历史记录面板

使用 Premiere 的"历史记录"面板可以无限制地执行撤销操作。进行编辑工作时，"历史记录"面板会记录作品的制作步骤。要返回到项目的以前状态，只需单击"历史记录"面板中的历史状态即可，如图 2-19 所示。

图 2-18　"工具"面板　　图 2-19　"历史记录"面板

单击并重新开始工作之后，历史将会被改写（返回历史状态的所有后续步骤都会从面板中移除，被新步骤取代）。如果想在"历史记录"面板中清除所有历史，可以单击面板右方的下拉菜单按钮，然后选择"清除历史记录"命令，如图 2-20 所示。要删除某个历史状态，可以在"历史记录"面板中选中它并单击"删除重做操作"按钮 🗑️。

图 2-20　选择"清除历史记录"命令

9. 信息面板

"信息"面板提供了关于素材和切换效果，乃至时间轴中空白间隙的重要信息。选择一段素材、切换效果或时间轴中的空白间隙后，可以在"信息"面板中查看素材或空白间隙的大小、持续时间以及起点和终点，如图 2-21 所示。

图 2-21　"信息"面板

> **注意**
>
> 如果在"历史记录"面板中通过单击某个历史状态来撤销一个动作，然后继续工作，那么所单击状态之后的所有步骤都会从项目中移除。

2.2.3　Premiere Pro 2021 的界面操作

Premiere Pro 2021 的所有面板都可以任意编组或停靠。停靠面板时，它们会连接在一起，因此调整一个面板的大小时，会改变其他面板的大小。图 2-22 和图 2-23 显示的是调整"节目监视器"面板大小前后的对比效果，在扩大"节目监视器"面板时，会使"源监视器"面板变小。

图 2-22　调整面板大小前

图 2-23　调整面板大小后

1. 调整面板的大小

要调整面板的大小，可以使用鼠标拖动面板之间的分隔线，然后左右拖动面板间的纵向边界，或上下拖动面板间的横向边界，从而改变面板的大小。

【练习 2-2】调整各个面板的大小

01 启动 Premiere Pro 2021 应用程序，选择"文件"|"打开项目"命令，如图 2-24 所示，打开"打开项目"对话框，在对话框中选择素材文件的路径，如图 2-25 所示。

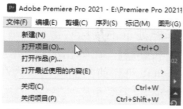

图 2-24　选择"打开项目"命令

图 2-25　"打开项目"对话框

02 在"打开项目"对话框中选择"01.prproj"素材文件，然后单击"打开"按钮，将其打开，效果如图 2-26 所示。

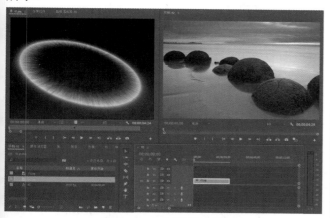

图 2-26　打开素材文件

03 将光标移到"工具"面板和"时间轴"面板之间，然后向右拖动面板间的边界，改变"工具"面板和"时间轴"面板的大小，如图 2-27 所示。

04 将光标移到"监视器"面板和"项目"面板之间，然后向下拖动面板间的边界，改变"监视器"面板和"项目"面板的大小，如图 2-28 所示。

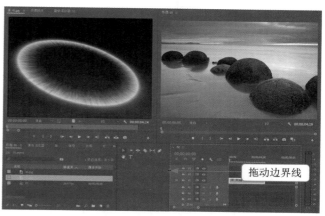

图 2-27　左右调整面板边界

图 2-28　上下调整面板边界

提示

如果改变了面板在屏幕上的大小和位置，可以通过选择"窗口"|"工作区"|"重置为保存的布局"命令返回初始设置；如果已经在特定位置按特定大小组织好了窗口，选择"窗口"|"工作区"|"另存为新工作区"命令，可以保存此配置。在命名与保存工作区之后，工作区的名称会出现在"窗口"|"工作区"子菜单中，无论何时想使用此工作区，只需要单击其名称即可。

2. 面板的编组与停靠

单击选项面板左上角的缩进点并拖动面板，可以在一个组中添加或移除面板。如果想将一个面板停靠到另一个面板上，可以单击并将它拖到目标面板的顶部、底部、左侧或右侧。然后在停靠面板变暗后再考虑释放鼠标。

【练习 2-3】调整面板位置

01 单击并拖动"源监视器"面板到"节目监视器"面板中，可以将"源监视器"面板添加到"节目监视器"面板组中，如图 2-29 所示。

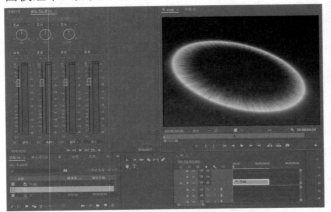

图 2-29 拖动"源监视器"面板

02 单击并拖动"源监视器"面板到"节目监视器"面板的右方，可以改变"源监视器"面板和"节目监视器"面板的位置，如图 2-30 所示。

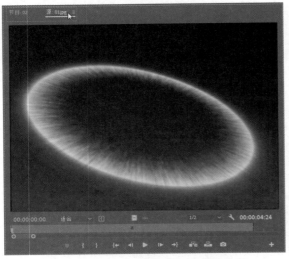

图 2-30 改变"源监视器"面板的位置

提示

在拖动面板进行编组的过程中，如果对结果满意，则释放鼠标；如果不满意，则按 Esc 键取消操作。如果想将一个面板从当前编组中移除，可以将其拖到其他地方，从而将其从当前编组中移除。

3. 创建浮动面板

在面板标题处单击鼠标右键，或者单击面板右方的下拉菜单按钮，在弹出的菜单中选择"浮动面板"命令，可以将当前的面板创建为浮动面板。

【练习 2-4】将面板创建为浮动面板

01 选中"节目监视器"面板，在该面板的标题处单击鼠标右键，或者单击该面板右方的下拉菜单按钮，弹出的菜单如图 2-31 所示。

图 2-31 弹出的菜单

02 在弹出的菜单中选择"浮动面板"命令，即可将"节目监视器"面板创建为浮动面板，如图 2-32 所示。

图 2-32 创建浮动面板

4. 打开和关闭面板

有时，Premiere 的主要面板会自动在屏幕上打开。如果想关闭某个面板，可以单击其关闭图标；如果想打开被关闭的面板，可以在"窗口"菜单中选择相应的名称将其打开。

【练习 2-5】打开和关闭面板

01 将 "源监视器" "节目监视器" 和 "效果控件" 面板编组在一起，然后单击 "源监视器" 面板中的菜单按钮 ，在弹出的菜单中选择 "关闭面板" 命令，如图 2-33 所示，即可关闭 "源监视器" 面板，如图 2-34 所示。

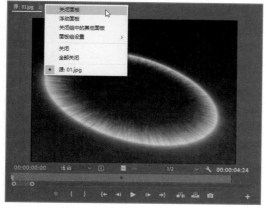

图 2-33　选择 "关闭面板" 命令

图 2-34　关闭 "源监视器" 面板

02 单击 "窗口" 菜单，在菜单中可以看到 "源监视器" 命令前方已没有 √ 标记，表示该面板已被关闭，如图 2-35 所示。

图 2-35　"源监视器" 命令前方的 √ 标记已消失，表示该面板已被关闭

提示

关闭某个面板后，用户可以在 "窗口" 菜单中选择面板名称对应的命令，将隐藏的面板打开。

2.3　影视制作前的准备

要制作出一部完整的影片，必须先具备创作构思和准备素材这两个要素。创作构思是一部影片的灵魂，素材则是组成它的各个部分。

1. 策划剧本

剧本策划的重点在于创作的构思，这是一部影片的灵魂所在。当脑海中有了一个绝妙的构思后，应该马上用笔将它描述出来，这就是通常所说的影片的剧本。

剧本策划是制作一部优秀视频作品的首要工作。在编写剧本时，首先要拟定一个比较详细的提纲，然后根据这个提纲尽量做好细节描述，作为在 Premiere 中进行素材编辑的参考指导。剧本策划的形式有很多种，比如绘画式、小说式等。

2. 准备素材

素材是组成视频节目的各个部分，Premiere 所做的工作只是将其穿插组合成一个连贯的整体。

可以通过 DV 摄像机将拍摄的视频内容通过数据线直接保存到计算机中，以此作为素材，不过旧式摄像机拍摄出来的影片还需要进行视频采集后才能存入计算机。根据脚本的内容将素材收集齐备后，应先将这些素材保存到计算机中指定的文件夹内，以便进行管理，然后便可以开始影视制作和编辑工作了。

在 Premiere 中经常使用的素材如下。

- 通过视频采集卡采集的数字视频 AVI 文件。
- 由 Premiere 或其他视频编辑软件生成的 AVI 和 MOV 文件。
- WAV 格式和 MP3 格式的音频数据文件。
- 无伴音的 FLC 或 FLI 格式文件。
- 各种格式的静态图像，包括 BMP、JPG、TIF、PSD 和 PCX 等。
- FLM(Filmstrip) 格式的文件。
- 由 Premiere 制作的字幕文件。

2.4　Premiere 视频编辑的基本流程

本节将介绍运用 Premiere 进行视频编辑的流程。通过本节的学习，读者可以了解到如何一步一步地制作出完整的视频影片。

1. 建立项目

Premiere 数字视频作品在此称为项目而不是视频产品，其原因在于使用 Premiere 不仅能创建作品，还可以管理作品资源，以及创建和存储字幕、切换效果和特效。因此，工作的文件不仅仅是一份作品，事实上是一个项目。在 Premiere 中创建数字视频作品的第一步是新建一个项目。

2. 导入作品元素

在 Premiere 项目中可以放置并编辑视频、音频和静帧图像。所有的媒体影片称为素材，在编辑影片时，必须先将素材保存在磁盘上。即使视频存储在数字摄像机上，也需要转移到计算机磁盘上。Premiere 可以采集数字视频素材并将其自动存储到项目中。模拟媒体（如动画电影和录像带）必须先数字化，之后才能在 Premiere 中使用。打开 Premiere 的"项目"面板之后，必须先导入各种图形与声音元素，然后才能进行视频作品的编辑。

3. 添加字幕素材

如果计算机中存在需要的文字素材，用户可以直接将其导入"项目"面板中进行使用；如果计算机中不存在需要的文字素材，则可以通过创建字幕的方式新建一个文字素材。

4. 创建序列

序列是指作品的视频、音频、特效和切换效果等各组成部分的顺序集合。在序列中对素材进行编辑，是视频编辑的重要环节。建立好项目并导入素材后，就需要创建序列，随后即可在序列中组接素材，并对素材进行编辑。

5. 编辑视频素材

将素材拖曳到"时间轴"面板的视频轨道中以后，还需要对素材进行修改编辑，以达到符合视频编辑要求的效果，比如控制素材的播放速度、时间长短等。

6. 应用效果

在编辑视频节目的过程中，使用视频过渡效果能使素材间的连接更加和谐、自然。对素材使用视频效果可以使一个影视片段的视觉效果更加丰富多彩。对素材使用效果后，可以在"效果控件"面板中进行编辑。

7. 创建关键帧动画

在使用 Premiere 进行视频编辑的过程中，还可以为静态的图像素材添加关键帧动画。对素材创建关键帧动画的操作可以在"效果控件"面板中完成。

8. 编辑音频

将音频素材导入"时间轴"面板中后，如果音频的长度与视频不相符，用户可以通过编辑音频的持续时间来改变音频长度，但是，音频的节奏也将发生相应的变化。如果音频过长，则可以通过剪切多余的音频内容来修改音频的长度。

9. 生成影片

生成影片是将编辑好的项目文件以视频的格式输出，输出的效果通常是动态的且带有音频效果。在输出影片时应根据实际需要为影片选择一种压缩格式。在输出影片之前，应先做好项目的保存工作，并对影片的效果进行预览。

2.5　本章小结

本章主要介绍了 Premiere Pro 2021 的基础知识，读者需要了解 Premiere 的运用领域和工作流程，认识 Premiere Pro 2021 的工作界面，掌握它的安装和卸载方法以及对工作界面的调整操作。

2.6　思考与练习

1. Premiere Pro 2021 提供了＿＿＿＿、＿＿＿＿和参考监视器 3 种不同的监视器面板。
2. 使用"效果"面板可以快速应用多种音频效果、＿＿＿＿和＿＿＿＿。
3. 如何安装 Premiere Pro 2021 应用程序？
4. 使用 Premiere 可以执行哪些任务？

5. Premiere 经常使用的素材包括哪些？

6. Premiere 视频编辑的基本流程包括哪些主要内容？

7. 启动 Premiere Pro 2021，打开"01.prproj"素材文件，参照如图 2-36 所示的效果，对 Premiere Pro 2021 的工作界面进行调整。

图 2-36　调整工作界面

第 3 章 Premiere 程序设置

在 Premiere 中不仅可以进行界面外观、功能参数等的设置，还可以为命令、工具和面板功能自定义快捷键，从而提高工作效率。本章将学习 Premiere 首选项的设置，以及键盘快捷方式的创建。

本章重点

- 首选项设置
- 键盘快捷键设置

二维码教学视频

【练习 3–1】自定义命令快捷键
【练习 3–2】修改命令快捷键

3.1　首选项设置

首选项用于设置 Premiere 的外观、功能等效果，用户可以根据自己的习惯及项目编辑的需要，对相关的首选项进行设置。

3.1.1　常规设置

选择"编辑"|"首选项"命令，在"首选项"菜单的子命令中可以选择各个选项对象，如图 3-1 所示。在"首选项"菜单的子命令中选择"常规"命令，可以打开"首选项"对话框，并显示常规选项的内容，在此可以设置一些通用的项目选项，如图 3-2 所示。

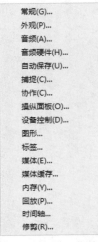

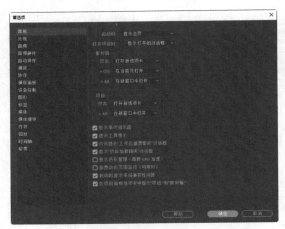

图 3-1　"首选项"菜单命令　　　　　图 3-2　"首选项"对话框中的常规选项

常规设置中主要选项的作用如下。

- 启动时：用于设置启动 Premiere 后，是显示主页还是直接打开最近使用的文件项目，如图 3-3 所示。
- 素材箱：用于设置关于素材箱（即文件夹）管理的 3 组操作所对应的结果，包括"在当前处打开""打开新选项卡"和"在新窗口中打开"，如图 3-4 所示。

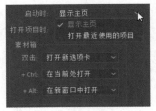

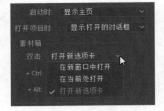

图 3-3　设置启动选项　　　　　　　图 3-4　设置素材箱管理结果

- 项目：用于设置打开新建项目的方式，包括"打开新选项卡"和"在新窗口中打开"两种方式。

3.1.2　外观设置

在"首选项"对话框中选择"外观"标签选项，然后拖动"亮度"选项组的滑块，可以修改 Premiere 操作界面的亮度，如图 3-5 所示。

3.1.3　音频设置

在"首选项"对话框中选择"音频"标签选项，可以设置音频的播放方式及轨道等参数，如图 3-6 所示。用户还可以在"音频硬件"标签选项中进行音频的输入和输出设置。

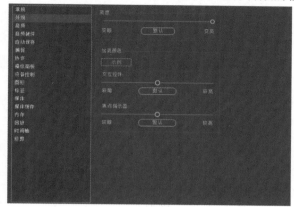

图 3-5　设置界面亮度

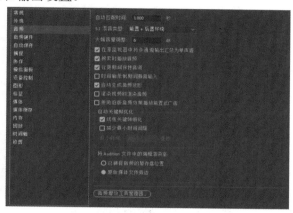

图 3-6　设置音频选项

音频设置中主要选项的作用如下。

- 自动匹配时间：设置声音文件与软件的匹配时长，系统默认为 1 秒。
- 5.1 混音类型：设置 5.1 音频播放声音时音频的 4 种混合方式，如图 3-7 所示。

3.1.4　自动保存设置

在"首选项"对话框中选择"自动保存"标签选项，可以设置项目文件自动保存的时间间隔和最大保存项目数，如图 3-8 所示。

图 3-7　5.1 混音类型

图 3-8　设置自动保存

3.1.5　媒体缓存设置

在"首选项"对话框中选择"媒体缓存"标签选项，可以设置媒体的缓存位置和缓存管理相关选项，如图 3-9 所示。

3.1.6　内存设置

在"首选项"对话框中选择"内存"标签选项，可以设置分配给 Adobe 相关软件产品使用的内存，以及优化渲染的方式，如图 3-10 所示。

图 3-9 媒体缓存设置

图 3-10 内存设置

3.1.7 时间轴设置

在"首选项"对话框中选择"时间轴"标签选项，可以设置视频和音频过渡默认持续时间、静止图像默认持续时间和时间轴播放自动滚屏方式等，如图 3-11 所示。

- 视频过渡默认持续时间：设置视频过渡的默认持续时间。
- 音频过渡默认持续时间：设置音频过渡的默认持续时间。
- 静止图像默认持续时间：设置静止图像的默认持续时间。
- 时间轴播放自动滚屏：设置时间轴回放自动卷轴的方式，包括"页面滚动""不滚动"和"平滑滚动"3种方式，如图 3-12 所示。

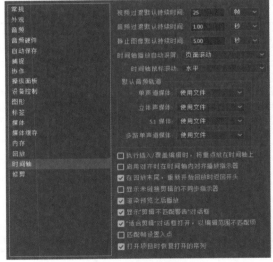

图 3-11 时间轴设置

图 3-12 时间轴播放自动滚屏的方式

3.2 键盘快捷键设置

使用键盘快捷方式可以提高工作效率。Premiere 为激活工具、打开面板以及访问大多数菜单命令都提供了键盘快捷方式。这些命令是预置的，但也可以进行修改。

3.2.1 自定义菜单命令快捷键

选择"编辑"|"快捷键"命令，打开"键盘快捷键"对话框，在该对话框中可以修改或创建"应用程序"

和"面板"两个部分的快捷键，如图 3-13 所示。

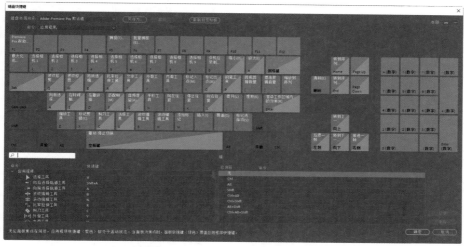

图 3-13　"键盘快捷键"对话框

　　默认状态下，在"键盘快捷键"对话框中显示了"应用程序"类型的键盘命令。要更改或创建其中的键盘设置，单击下方列表中的三角形按钮，展开包含相应命令的菜单标题，然后对其进行相应的修改或创建操作即可。

【练习 3-1】自定义命令快捷键

01 选择"编辑"|"快捷键"命令，打开"键盘快捷键"对话框，在"命令"下拉列表中选择"应用程序"选项，如图 3-14 所示。

图 3-14　选择"应用程序"选项

02 在面板下方的"命令"列表框中展开需要的命令菜单 (例如，单击"序列"菜单命令选项旁边的三角形按钮，可展开其中的命令选项)，如图 3-15 所示。

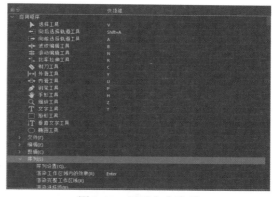

图 3-15　展开命令选项

03 在命令 (如"序列设置") 对应的快捷键位置进行单击，在"快捷键"列表中将出现一个文本框 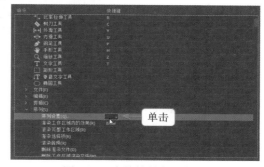，如图 3-16 所示。

图 3-16　在快捷键位置单击

04 按下一个功能键或组合键 (如 Ctrl+P)，为指定的命令创建键盘快捷键，如图 3-17 所示。然后单击"确定"按钮即可为选择的命令创建一个相应的快捷键。

图 3-17　为命令设置快捷键

【练习 3-2】修改命令快捷键

01 选择"编辑"|"快捷键"命令，打开"键盘快捷键"对话框，在下方的"命令"列表框中选择要修改快捷键的菜单命令 (例如，单击"编辑"菜单命令下的"全选"命令)，然后单击命令后面的快捷键文本框，将其激活，如图 3-18 所示。

图 3-18　激活要修改的命令快捷键

02 重新按下一个功能键或组合键 (如 Ctrl+Shift+Q)，重设该命令的键盘快捷键，此时将增加一个快捷键文本框，如图 3-19 所示。

图 3-19　重设命令的键盘快捷键

03 单击该命令原来快捷键文本框右方的删除按钮，将原有的命令快捷键删除，然后单击"确定"按钮即可修改该命令的快捷键，如图 3-20 所示。

3.2.2　自定义工具快捷键

Premiere 为每个工具都提供了键盘快捷键。在"键盘快捷键"对话框的"命令"下拉列表中选择"应用程序"选项，然后在下方的"命令"列表框中可以重新设置各个工具的快捷键，如图 3-21 所示。

图 3-20　修改命令的键盘快捷键

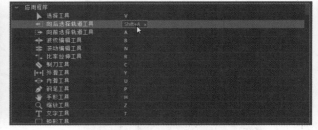

图 3-21　设置工具的键盘快捷键

3.2.3　自定义面板快捷键

要创建或修改面板的键盘命令，可以在"键盘快捷键"对话框的"命令"下拉列表中选择对应的面板选项 (如"项目面板")，如图 3-22 所示，即可在下方的"命令"列表框中对该面板中的各个功能进行快捷键设置，如图 3-23 所示。

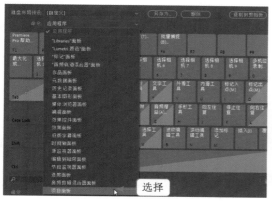

图 3-22　选择面板选项

图 3-23　自定义面板快捷键

3.2.4　保存自定义快捷键

更改键盘命令后，在"键盘快捷键"对话框的"键盘布局预设"下拉列表的右方单击"另存为"按钮，如图 3-24 所示。然后在弹出的"键盘布局设置"对话框中设置键盘布局预设名称并单击"确定"按钮，如图 3-25 所示，即可添加并保存自定义设置，从而可以避免改写 Premiere 的默认设置。

图 3-24　单击"另存为"按钮

图 3-25　保存自定义设置

注意

如果快捷键设置错误或者想删除某个命令快捷键，只需在"键盘快捷键"对话框中选择该快捷键后，单击"清除"按钮即可。另外，用户也可以单击"键盘快捷键"对话框中的"还原"按钮，撤销快捷键的设置操作。

3.2.5　载入自定义快捷键

保存自定义快捷键后，在下次启动 Premiere 时，可以通过"键盘快捷键"对话框载入自定义的快捷键。

在"键盘快捷键"对话框的"键盘布局预设"下拉列表中选择自定义的快捷键 (如"自定义") 选项，如图 3-26 所示，即可载入自定义快捷键。

3.2.6　删除自定义快捷键

创建自定义快捷键后，也可以在"键盘快捷键"对话框中将其删除。打开"键盘快捷键"对话框，在"键盘布局预设"下拉列表中选择要删除的自定义快捷键，然后单击"删除"按钮，即可将其删除，如图 3-27 所示。

图 3-26　载入自定义快捷键

图 3-27　删除自定义快捷键

注意

在"键盘快捷键"对话框的"键盘布局预设"下拉列表中选择 Adobe Premiere Pro CS6、Avid Media Composer 5 等其他应用程序，可以载入相应程序的预设快捷键。

3.3　本章小结

本章主要介绍了 Premiere Pro 2021 的界面外观、功能等的设置，以及为命令、工具和面板功能自定义快捷键。读者需要掌握 Premiere 的常规设置和自定义快捷键的方法，包括视频过渡、音频过渡、静止图像默认持续时间的设置，界面外观的设置，命令、工具和面板功能的快捷键设置等。

3.4　思考与练习

1. 在 Premiere Pro 2021 中，音频过渡默认持续时间为_____秒。
2. 在 Premiere Pro 2021 中，静止图像默认持续时间为_____秒。
3. 在 Premiere Pro 2021 中，如何修改视频过渡、音频过渡和静止图像的默认持续时间？
4. 如何设置 Premiere Pro 2021 操作界面的亮度？
5. 如何设置 Premiere Pro 2021 的自动保存时间间隔和最大保存项目数？
6. 如何修改或创建 Premiere Pro 2021 命令、工具和面板功能的键盘快捷键？
7. 启动 Premiere Pro 2021，参照如图 3-28 所示的效果，对视频过渡和静止图像的默认持续时间进行设置。

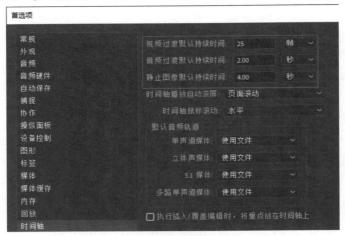

图 3-28　设置对象的默认持续时间

第 4 章

项目与素材管理

使用 Premiere 进行视频编辑时，首先需要创建项目对象，将需要的素材导入"项目"面板中进行管理，以便在进行视频编辑时调用。本章将介绍 Premiere Pro 2021 中的项目与素材管理，包括新建项目文件、"项目"面板的应用、创建与编辑 Premiere 背景元素、在监视器面板中编辑素材等。

本章重点

- 创建和设置项目
- 导入素材
- 创建 Premiere 背景元素
- 管理素材
- 在监视器面板中设置素材

二维码教学视频

4.1 创建和设置项目

在使用 Premiere Pro 2021 进行影视编辑之前，需要新建一个项目，并根据工作需要对该项目进行设置。

4.1.1 新建项目

新建 Premiere 项目有两种方式：一种是在主页界面中新建项目；另一种是在进入工作界面后，使用菜单命令新建项目。

1. 在主页界面中新建项目

启动 Premiere Pro 2021 应用程序后，在打开的主页界面中单击"新建项目"选项，如图 4-1 所示，即可打开"新建项目"对话框，如图 4-2 所示。

图 4-1 单击"新建项目"选项　　　　　　图 4-2 "新建项目"对话框

在"新建项目"对话框中可以选择"常规""暂存盘"和"收录设置"选项卡，对其中的参数进行相应设置。在"新建项目"对话框中完成各项的设置后，单击"确定"按钮，即可进入 Premiere Pro 2021 工作界面，并创建新的项目。

2. 使用菜单命令新建项目

在进入 Premiere Pro 2021 工作界面后，如果要新建一个项目文件，可以选择"文件"|"新建"|"项目"命令，打开"新建项目"对话框，创建新的项目文件。

【练习 4-1】新建项目文件

01 启动 Premiere Pro 2021 应用程序，选择"文件"|"新建"|"项目"命令，如图 4-3 所示。

02 在打开的"新建项目"对话框中输入项目的名称，如图 4-4 所示。

图 4-3 选择菜单命令

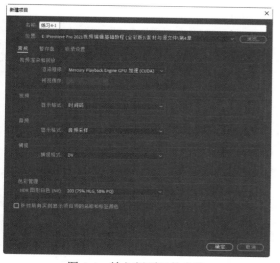

图 4-4 输入新项目的名称

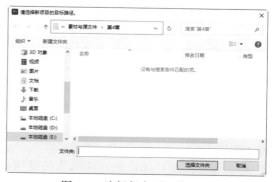

图 4-5 选择保存项目的位置

03 单击"位置"选项右侧的"浏览"按钮,打开"请选择新项目的目标路径。"对话框,然后在其中选择保存项目的文件夹,如图 4-5 所示。

04 返回"新建项目"对话框,单击"确定"按钮,即可完成新建项目的操作。在"项目"面板中将显示新建的项目对象,如图 4-6 所示。

图 4-6 显示新建的项目

4.1.2 项目常规设置

新建项目时,在"新建项目"对话框的"常规"选项卡中可以设置新建项目的常规参数,其中主要选项的作用如下。

- 显示格式(视频):本设置决定了帧在"时间轴"面板中播放时,Premiere 所使用的帧数,以及是否使用丢帧或不丢帧时间码,如图 4-7 所示。
- 显示格式(音频):使用音频显示格式可以将音频单位设置为毫秒或音频采样。就像视频中的帧一样,音频采样是用于编辑的最小增量,如图 4-8 所示。
- 捕捉格式:在"捕捉格式"下拉列表中可以选择所要采集视频或音频的格式,其中包括"DV"和"HDV"两种格式。

图 4-7 显示视频格式

图 4-8 显示音频格式

4.1.3 项目暂存盘设置

在"新建项目"对话框中选择"暂存盘"选项卡,可以设置视频和音频的采集路径,如图 4-9 所示。

- 捕捉的视频：存放视频采集文件的地方，默认为与项目相同，也就是与 Premiere 主程序所在的目录相同。单击右侧的"浏览"按钮可以更改路径。
- 捕捉的音频：存放音频采集文件的地方，默认为与项目相同，也就是与 Premiere 主程序所在的目录相同。单击右侧的"浏览"按钮可以更改路径。
- 视频预览：放置预演影片的文件夹。
- 音频预览：放置预演声音的文件夹。
- 项目自动保存：在编辑视频的过程中，项目临时文件的保存位置。
- CC 库下载：Creative Cloud 程序库临时文件的下载位置。
- 动态图形模板媒体：动态图形模板媒体临时文件的保存位置。

4.1.4 项目收录设置

在"新建项目"对话框中选择"收录设置"选项卡，可以对 Premiere 收录选项进行设置，如图 4-10 所示。

图 4-9　设置项目暂存盘　　　　　　　　图 4-10　项目收录设置

注意

要进行项目收录设置，首先需要下载并安装 Adobe Media Encoder 程序。

4.2　导入素材

Premiere Pro 2021 是通过组合素材的方法来编辑影视作品的，因此，在进行视频编辑的过程中，通常会用到很多素材文件。在进行影视编辑之前，需要将这些素材导入"项目"面板中。导入素材可以通过菜单命令或是在"项目"面板中的空白处双击鼠标来实现。

4.2.1 导入一般类型的素材

这里所讲的一般类型的素材是指适用于 Premiere Pro 2021 常用文件格式的素材，以及文件夹和字幕文件等。

【练习 4-2】导入视频和声音素材

01 选择"文件"|"新建"|"项目"命令，新建一个项目。

02 在"项目"面板中的空白处双击鼠标，或是单击鼠标右键，在弹出的快捷菜单中选择"导入"命令，如图 4-11 所示。

图 4-11　选择"导入"命令

图 4-12　选择素材

03 在打开的"导入"对话框中选择素材的存放位置，然后选择要导入的素材，如图 4-12 所示。

04 在"导入"对话框中选择素材后，单击"打开"按钮，即可将选择的素材导入"项目"面板中，如图 4-13 所示。

图 4-13　导入素材

注意

在导入媒体素材时，如果文件导入失败，通常是因为在计算机中没有安装相应的视频解码器，这时只需要下载并安装相应的视频解码器即可。例如，当出现如图 4-14 所示的情况时，只需要下载并安装 QuickTime 播放器即可。

图 4-14　文件导入失败提示

4.2.2　导入静帧序列素材

静帧序列素材是指按照名称编号顺序排列的一组格式相同的静态图片，每帧图片的内容之间在时间上存在延续的关系。

【练习 4-3】导入静帧序列图片

01 选择"文件"|"新建"|"项目"命令，新建一个项目。

02 选择"文件"|"导入"命令，在打开的"导入"对话框中选择素材的存放位置，然后选择静帧序列图片中的任意一张图片，再选中"图像序列"复选框，如图 4-15 所示。

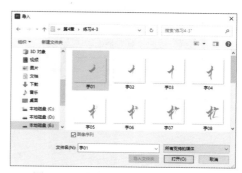

图 4-15　选中"图像序列"复选框

03 在"导入"对话框中单击"打开"按钮，即可将指定文件夹中的序列图片以影片形式导入"项目"面板中，如图 4-16 所示。

图 4-16　导入序列素材

• 4.2.3　导入 PSD 格式的素材

Premiere Pro 2021 可以支持多种文件格式，但是导入 PSD 格式的素材时，需要指定导入的图层或者在合并图层后将素材导入"项目"面板中。

【练习 4-4】导入 PSD 图像

01 选择"文件"|"新建"|"项目"命令，新建一个项目。

02 选择"文件"|"导入"命令，在打开的"导入"对话框中选择并打开"荷花.PSD"素材，如图 4-17 所示。

图 4-17　选择 PSD 素材

03 在打开的"导入分层文件：荷花"对话框中设置导入 PSD 素材的方式为"合并所有图层"，如图 4-18 所示。

图 4-18　设置导入方式

04 在"导入分层文件：荷花"对话框中单击"确定"按钮，即可将 PSD 素材图像以合并图层后的效果导入"项目"面板中，如图 4-19 所示。

图 4-19　导入合并图层后的图像

05 也可在"导入分层文件：荷花"对话框中单击"导入为"选项的下拉按钮，在下拉列表中选择"各个图层"选项，如图 4-20 所示。

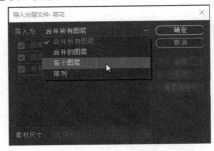

图 4-20　选择"各个图层"选项

06 在"导入分层文件：荷花"对话框中的图层列表中选择要导入的图层，如图 4-21 所示。

图 4-21　选择要导入的图层

07 单击"确定"按钮，即可将选中的图层导入"项

目"面板中，导入的图层素材将自动存放在以素材命名的文件夹中，如图 4-22 所示。

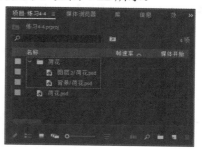

图 4-22　导入图层素材

4.2.4　嵌套导入项目

Premiere Pro 2021 不仅能导入各种媒体素材，还可以在一个项目文件中以素材形式导入另一个项目文件，这种导入方式称为嵌套导入。

【练习 4-5】嵌套导入项目文件

01 选择"文件"|"新建"|"项目"命令，新建一个项目。

02 选择"文件"|"导入"命令，在打开的"导入"对话框中选择要导入的嵌套项目文件，如图 4-23 所示，单击"打开"按钮。

图 4-23　选择要导入的嵌套项目文件

03 在打开的"导入项目"对话框中设置"嵌套对象 01"的项目导入类型为"导入整个项目"，然后单击"确定"按钮，如图 4-24 所示。

图 4-24　设置导入类型

04 继续在"导入项目"对话框中设置"嵌套对象 02"的项目导入类型为"导入整个项目"，然后单击"确定"按钮，如图 4-25 所示。

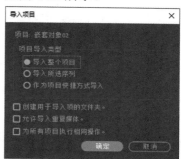

图 4-25　设置导入类型

05 将选择的项目导入"项目"面板中，可以看到，导入的项目包含了两个项目文件的所有素材和存在序列，如图 4-26 所示。

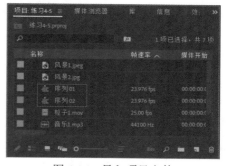

图 4-26　导入项目文件

4.3　创建 Premiere 背景元素

在使用 Premiere 进行视频编辑的过程中，借助 Premiere 自带的背景元素，可以为文本或图像创建颜色遮罩、透明视频、彩条、倒计时片头等对象。本节将使用不同的方法介绍如何创建 Premiere 预设的背景元素。

4.3.1　创建颜色遮罩

Premiere 的颜色遮罩与其他视频蒙版不同，它是一个覆盖整个视频帧的纯色遮罩。颜色遮罩可用作背景或创建最终轨道之前的临时轨道占位符。使用颜色遮罩的优点之一在于它的通用性，在创建完颜色遮罩后，通过单击颜色遮罩就可以轻松修改颜色。

【练习 4-6】创建颜色遮罩

01 选择"文件"|"新建"|"颜色遮罩"命令，打开"新建颜色遮罩"对话框，如图 4-27 所示。

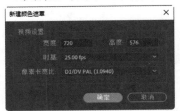

图 4-27　"新建颜色遮罩"对话框

02 设置视频宽度和高度等信息，然后单击"确定"按钮，在打开的"拾色器"对话框中选择遮罩颜色，如图 4-28 所示。

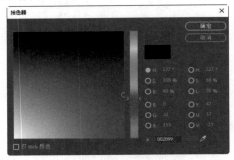

图 4-28　选择遮罩颜色

03 选择好颜色后，单击"确定"按钮，关闭"拾色器"对话框。然后在出现的"选择名称"对话框中输入颜色遮罩的名称，如图 4-29 所示。

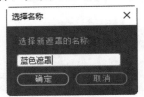

图 4-29　输入名称

04 单击"确定"按钮，颜色遮罩会自动在"项目"面板中生成，如图 4-30 所示。

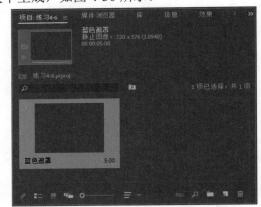

图 4-30　自动生成颜色遮罩

4.3.2　创建倒计时片头

除了可以使用菜单命令创建 Premiere 背景元素外，也可以在 Premiere 的"项目"面板中单击"新建项"按钮 来创建背景元素。下面以创建倒计时片头为例，讲解在"项目"面板中创建背景元素的操作。使用 Premiere Pro 2021 新建对象中的"通用倒计时片头"命令，可以创建系统预设的影片开始前的倒计时片头效果。

【练习4-7】创建倒计时片头

01 在"项目"面板中单击"新建项"按钮█，在弹出的菜单中选择"通用倒计时片头"命令，如图4-31所示。

图4-31 选择"通用倒计时片头"命令

02 在打开的"新建通用倒计时片头"对话框中设置视频的宽度和高度，然后单击"确定"按钮，如图4-32所示。

图4-32 进行视频设置

03 在打开的"通用倒计时设置"对话框中根据需要设置倒计时视频颜色和音频提示音，如图4-33所示。

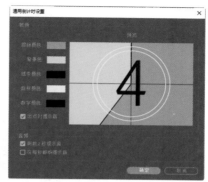

图4-33 设置倒计时片头

04 单击"确定"按钮，所创建的"通用倒计时片头"对象将显示在"项目"面板中，如图4-34所示。

图4-34 创建的倒计时片头

4.3.3 创建透明视频

新建一个项目文件，然后选择"文件"|"新建"|"透明视频"命令，打开"新建透明视频"对话框，如图4-35所示。在"新建透明视频"对话框中设置视频的宽度和高度等信息后，单击"确定"按钮，即可创建一个"透明视频"素材，该素材将显示在"项目"面板中，如图4-36所示。

图4-35 "新建透明视频"对话框

图4-36 创建"透明视频"素材

4.3.4　创建彩条

单击"项目"面板中的"新建项"按钮 ，在弹出的菜单中选择"彩条"命令，在打开的"新建彩条"对话框中设置视频的宽度和高度，如图 4-37 所示。单击"确定"按钮，即可在"项目"面板中创建彩条对象，如图 4-38 所示。

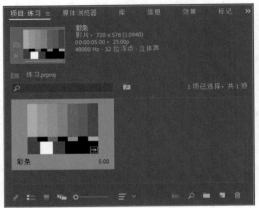

图 4-37　进行视频设置　　　　　图 4-38　创建彩条

4.3.5　创建调整图层

调整图层是 Premiere 中重要的新建项目对象，在影视后期的效果处理和制作过程中具有重要作用。调整图层的基本特性包含透明性、承载性和轨道性，这些特性使它具备了一般素材的基本属性，可以在多视频轨道和嵌套技术处理过程中得到更为充分的应用，从而大大节省了工作人员的制作时间，提高了剪辑的效率。

选择"文件"|"新建"|"调整图层"命令，在打开的"调整图层"对话框中设置对象的宽度和高度，如图 4-39 所示。单击"确定"按钮，所创建的"调整图层"对象将显示在"项目"面板中，如图 4-40 所示。

图 4-39　设置对象参数　　　　　图 4-40　所创建的"调整图层"对象

注意

在 Premiere 中创建自带的背景元素后，可以通过双击元素对象对其进行编辑。但是，彩条、黑色场频和透明视频只有唯一的状态，因此不能对其进行重新编辑。

4.4　管理素材

素材管理是影视编辑过程中的一个重要环节，在"项目"面板中对素材进行合理的管理，可以为后期的影视编辑工作带来事半功倍的效果。

4.4.1　应用素材箱管理素材

Premiere Pro 2021 "项目"面板中的素材箱类似于 Windows 操作系统中的文件夹，用于对"项目"面板中的各种文件进行分类管理。

1. 创建素材箱

当"项目"面板中的素材过多时，就应该创建素材箱来对素材进行分类管理。在"项目"面板中创建素材箱有如下 3 种常用方法。

- 选择"文件"|"新建"|"素材箱"命令。
- 在"项目"面板中的空白处单击鼠标右键，在弹出的快捷菜单中选择"新建素材箱"命令，如图 4-41 所示。

图 4-41　选择"新建素材箱"命令

- 单击"项目"面板右下方的"新建素材箱"按钮 ，即可创建一个素材箱。

所创建的素材箱依次以"素材箱""素材箱 01""素材箱 02"……作为默认名称，用户可以在激活名称的情况下对素材进行重命名，如图 4-42 所示。

图 4-42　重命名素材箱

2. 分类管理素材

如果导入了一个素材文件夹，那么 Premiere 将为素材创建一个新文件夹，并使用原文件夹的名称。用户也可以在"项目"面板中新建素材箱，用于分类存放导入素材的文件夹。

【练习 4-8】对影音素材进行分类管理

01 选择"文件"|"新建"|"项目"命令，新建一个名为"练习 4-8"的项目。

02 在"项目"面板中导入图像、视频和音频素材，如图 4-43 所示。

图 4-43　导入素材

03 单击"项目"面板中的"新建素材箱"按钮，并将新建的文件夹命名为"图像"，然后按 Enter 键进行确定，完成文件夹的创建，如图 4-44 所示。

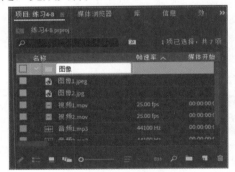

图 4-44　新建素材箱

04 选择"项目"面板中的两幅图像素材，然后将这些图像拖到"图像"素材箱上，即可将选择的素材放入"图像"素材箱中，如图 4-45 所示。

图 4-45　将素材放入素材箱中

05 继续创建名为"视频"和"音频"的素材箱，并将素材拖入相应的素材箱中，如图 4-46 所示。

图 4-46　分类存放素材

06 单击各个素材箱前面的三角形按钮，可以折叠素材箱，隐藏其中的内容，如图 4-47 所示。再次单击素材箱前面的三角形按钮，即可展开素材箱中的内容。

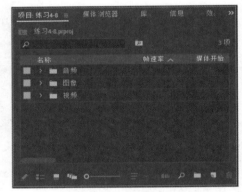

图 4-47　折叠素材箱

07 双击素材箱 (如"图像")，可以单独打开该素材箱，并显示该素材箱中的内容，如图 4-48 所示。

图 4-48　打开素材箱

注意

将素材放入素材箱后，可以对素材箱中的素材进行统一管理和修改。例如，在选中素材箱对象后，按 Delete 键，可以删除指定的素材箱及其内容；也可以在选择素材箱后，一次性地对素材箱中素材的速度和持续时间进行修改。

4.4.2　在"项目"面板中预览素材

将素材导入"项目"面板中后，无须在"源监视器"面板中打开素材，就可以直接在"项目"面板中预览素材的效果。

【练习 4-9】在"项目"面板中预览素材效果

01 打开前面创建的"练习 4-8.prproj"文件，在"项目"面板标题处单击鼠标右键，在弹出的快捷菜单中选择"预览区域"命令，如图 4-49 所示。

图 4-49　选择"预览区域"命令

02 此时在"项目"面板的左上方将出现一个预览区域，选择一个素材后，即可在此区域中预览素材的效果，如图 4-50 所示。

图 4-50　预览素材效果

4.4.3　切换图标和列表视图

在"项目"面板中导入素材后，可以使用图标格式或列表格式显示项目中的元素对象。在"项目"面板中进行图标和列表视图切换的方法如下。

- 单击"项目"面板左下方的"图标视图"按钮█后，所有作品元素都将以图标格式显示在屏幕上，如图 4-51 所示。
- 单击面板左下方的"列表视图"按钮█后，所有作品元素将以列表格式显示在屏幕上，如图 4-52 所示。

图 4-51　图标视图

图 4-52　列表视图

49

● 4.4.4 使用脱机文件

脱机文件是当前并不存在的素材文件的占位符，可以记忆丢失的源素材信息。在视频编辑中遇到素材文件丢失时，不会毁坏已编辑好的项目文件。脱机文件在"项目"面板中显示的媒体类型信息为问号，如图4-53所示；脱机文件在"节目监视器"窗口中显示为脱机媒体文件，如图4-54所示。

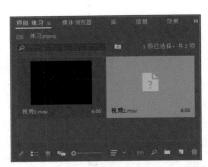

图 4-53 脱机文件在"项目"面板中显示为问号　　图 4-54 脱机文件在"节目监视器"窗口中显示为脱机媒体文件

 注意

脱机文件只起到占位符的作用，在节目的合成中没有实际内容。如果最后要在 Premiere 中输出的话，需要将脱机文件替换为所需的素材，或定位链接计算机中的素材。

【练习4-10】链接脱机文件

01 打开"练习4-10.prproj"项目文件，"项目"面板中的"风景.mp4"素材为脱机文件，如图4-55所示。

图 4-55 打开项目文件

图 4-56 选择"链接媒体"命令

02 在脱机素材上单击鼠标右键，在弹出的快捷菜单中选择"链接媒体"命令，如图4-56所示。

03 在打开的"链接媒体"对话框中单击"查找"按钮，如图4-57所示。

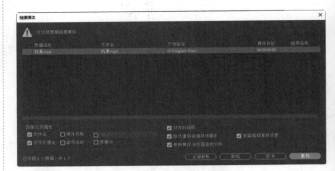

图 4-57 单击"查找"按钮

04 在打开的查找对话框中找到并选择"风景.mp4"

素材，如图4-58所示。单击对话框中的"确定"按钮，即可完成脱机文件的链接。

图 4-58 选择链接素材

【练习 4-11】素材的脱机与替换

01 打开"练习 4-11.prproj"项目文件，在"项目"面板的"照片 1.jpg"素材上单击鼠标右键，在弹出的快捷菜单中选择"设为脱机"命令，如图4-59所示。

图 4-59 选择"设为脱机"命令

02 在打开的"设为脱机"对话框中选中"在磁盘上保留媒体文件"单选按钮，然后单击"确定"按钮，将指定的素材设置为脱机，如图4-60所示。

图 4-60 将指定的素材设置为脱机

03 将"照片 1.jpg"素材设置为脱机后的效果如图4-61所示。

04 在脱机素材上单击鼠标右键，在弹出的快捷菜单中选择"替换素材"命令，如图4-62所示。

05 在打开的对话框中选择"照片 2.jpg"作为替换素材，然后单击"选择"按钮，如图4-63所示。即

可使用"照片 2.jpg"素材替换"项目"面板中的"照片 1.jpg"素材，效果如图4-64所示。

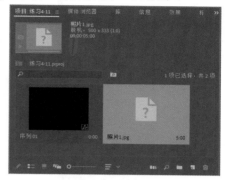

图 4-61 脱机效果

图 4-62 选择"替换素材"命令

图 4-63 选择替换素材

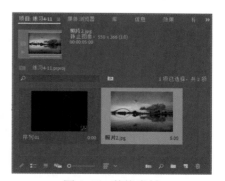

图 4-64 替换素材

4.4.5 修改素材的持续时间

选择"项目"面板上的素材，然后选择"剪辑"|"速度/持续时间"命令，或者右击"项目"面板上的素材，在弹出的快捷菜单中选择"速度/持续时间"命令，如图 4-65 所示。打开"剪辑速度/持续时间"对话框，输入一个持续时间值并单击"确定"按钮，如图 4-66 所示，即可对素材设置新的持续时间。

图 4-65 选择"速度/持续时间"命令　　　图 4-66 输入持续时间值

将"剪辑速度/持续时间"对话框中的持续时间设置为"00:00:02:00"，表示对象的持续时间为 2 秒。单击该对话框中的"链接"按钮，可以解除速度和持续时间之间的约束链接。

提示

用户不仅可以在"项目"面板中修改静止图像的持续时间，还可以在导入静止图像之前，选择"编辑"|"时间轴"|"常规"命令，打开"首选项"对话框，在"静止图像默认持续时间"文本框中输入新值，即可修改导入静止图像的默认持续时间。

4.4.6 修改影片素材的播放速度

使用 Premiere 可以对视频素材的播放速度进行修改。打开"剪辑速度/持续时间"对话框，在"速度"字段中输入大于 100 的数值会加快视频素材的播放速度，输入 0～99 的数值将减慢视频素材的播放速度。

【练习 4-12】修改影片的播放速度

01 新建一个项目文件，导入"季节.mp4"视频素材，如图 4-67 所示。

02 选择"项目"面板上的"季节.mp4"视频素材。然后选择"剪辑"|"速度/持续时间"命令，打开"剪辑速度/持续时间"对话框，修改速度为 50%，如图 4-68 所示。

03 修改速度后单击"确定"按钮，即可将素材的速度修改为原速度的 50%。由于视频的速度与持续时间成反比，因此视频速度变慢后，其持续时间将变长，如图 4-69 所示。

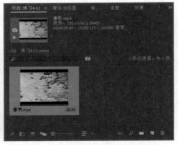

图 4-67 导入素材　　　图 4-68 修改速度　　　图 4-69 持续时间与速度成反比

提示

在"剪辑速度/持续时间"对话框中选中"倒放速度"复选框，可以反向播放素材。

4.4.7 重命名素材

对素材文件进行重命名，可以更加方便、准确地查看素材。在"项目"面板中选择素材后，单击素材的名称，即可激活素材名称，如图 4-70 所示。此时只需要输入新的文件名称，然后按下 Enter 键即可完成素材的重命名操作，如图 4-71 所示。

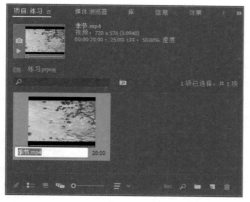

图 4-70 激活名称

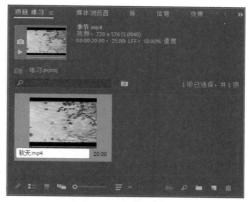

图 4-71 输入新的名称

4.4.8 清除素材

在影视编辑过程中，清除多余的素材，可以减少管理素材的复杂程度。在 Premiere 中清除素材的常用方法有如下 3 种。

- 在"项目"面板中通过右击素材，在弹出的快捷菜单中选择"清除"命令。
- 在"项目"面板中选择要清除的素材，然后单击"清除"按钮 🗑。
- 选择"编辑"|"移除未使用资源"命令，可以将未使用的素材清除。

4.5 在监视器面板中设置素材

在编辑视频的过程中，需要在屏幕上打开源监视器和节目监视器，以便查看源素材（将在节目中使用的素材）和节目素材（放置在"时间轴"面板序列中的素材）的效果。

4.5.1 监视器类型

"源监视器""节目监视器""修整监视器"面板不仅可用于在工作时预览作品，还可用于精确编辑和修整素材。

可以在将素材放入视频序列之前，使用"源监视器"面板修整这些素材。在"项目"面板中双击素材，即可在"源监视器"面板中显示该素材的效果，如图 4-72 所示。将素材拖入"时间轴"面板的序列中，可以在"节目监视器"面板中显示序列中的素材效果，如图 4-73 所示。

图 4-72 "源监视器"面板中素材的显示效果　图 4-73 "节目监视器"面板中素材的显示效果

● 4.5.2 查看安全区域

"源监视器"和"节目监视器"面板都允许查看安全区域。监视器的安全框用于显示动作和字幕所在的安全区域。这些框指示图像区域在监视器的视图区域内是安全的，包括那些可能被扫描的图像区域。

【练习 4-13】查看监视器面板中的安全框标记

01 新建一个项目，然后在"项目"面板中导入视频素材，如图 4-74 所示。

图 4-74　导入视频素材

02 双击"项目"面板中的素材，在"源监视器"面板中显示素材，如图 4-75 所示。

图 4-75　在"源监视器"面板中显示素材

03 在"源监视器"面板中单击右键，在弹出的快捷菜单中选择"安全边距"命令，如图 4-76 所示。

图 4-76　选择"安全边距"命令

04 当安全区域的边界显示在监视器中时，内部安全区域就是字幕安全区域，而外部安全区域则是动作安全区域，如图 4-77 所示。

图 4-77　显示安全区域

4.5.3　在"源监视器"面板中选择素材

"源监视器"面板顶部显示了素材的名称。如果在"源监视器"面板中有多个素材，可以在"源监视器"面板中单击标题按钮 ▤，在打开的下拉列表中选择素材进行切换，如图 4-78 所示。选择的素材将会出现在"源监视器"面板中，如图 4-79 所示。

图 4-78　选择素材

图 4-79　切换素材

4.5.4　素材的帧定位

在"源监视器"面板中可以精确地查找素材片段的每一帧，具体而言，可以进行如下一些操作。

- 在"源监视器"面板左下方的时间码文本框中单击，可以将其激活为可编辑状态，输入需要跳转的准确时间，如图 4-80 所示。然后按 Enter 键进行确认，即可精确地定位到指定的帧位置，如图 4-81 所示。

图 4-80　输入要跳转到的帧位置

图 4-81　帧定位

- 单击"前进一帧"按钮 ▮▶，可以使画面向前移动一帧。如果按住 Shift 键的同时单击该按钮，可以使画面向前移动 5 帧。
- 单击"后退一帧"按钮 ◀▮，可以使画面向后移动一帧。如果按住 Shift 键的同时单击该按钮，可以使画面向后移动 5 帧。
- 直接拖动当前时间指示器到要查看的位置。

4.5.5　在"源监视器"面板中修整素材

由于采集的素材包含的影片总是多于所需的影片，因此在将素材放到"时间轴"面板中的某个视频序列中时，可能需要先在"源监视器"面板中设置素材的入点和出点，从而节省在"时间轴"面板中编辑素材的时间。

【练习 4-14】设置素材入点和出点

01 在"项目"面板中导入素材文件，并在"源监视器"面板中显示素材。

02 将时间指示器移到需要设置为入点的位置，选择"标记"|"标记入点"命令，或者在"源监视器"面板中单击"标记入点"按钮，如图 4-82 所示，即可为素材设置入点。将时间指示器从入点位置移开，可看到入点处的左括号标记，如图 4-83 所示。

图 4-82　设置入点

图 4-83　入点标记

03 将时间指示器移到需要设置为出点的位置，然后选择"标记"|"标记出点"命令，或者单击"标记出点"按钮，如图 4-84 所示，即可为素材设置出点。将时间指示器从出点位置移开，可看到出点处的右括号标记，如图 4-85 所示。

图 4-84　设置出点

图 4-85　出点标记

提示

在设置入点和出点之后，"源监视器"面板右边的时间指示是从入点到出点的持续时间，用户可以通过拖动入点和出点标记来编辑入点和出点的位置。

04 单击"源监视器"面板右下方的"按钮编辑器"按钮，在弹出的面板中将"从入点播放到出点"按钮拖到"源监视器"面板下方的工具按钮栏中，如图 4-86 所示。

图 4-86　添加工具按钮

05 在"源监视器"面板中单击所添加的"从入点播放到出点"按钮 ，可以在"源监视器"面板中预览素材在入点和出点之间的视频，如图 4-87 所示。

图 4-87　播放入点到出点间的视频

4.5.6　应用素材标记

如果想返回素材中的某个特定帧，可以设置一个标记作为参考点。在"源监视器"面板或时间轴序列中，标记显示为三角形。

【练习 4-15】设置素材标记

01 在"项目"面板中导入素材，然后双击素材将其显示在"源监视器"面板中。

02 将"源监视器"面板的当前时间指示器移到第 2 秒，然后单击"标记入点"按钮 ，即可在该位置添加一个入点，如图 4-88 所示。

图 4-89　设置出点

图 4-88　设置入点

03 将"源监视器"面板的当前时间指示器移到第 8 秒，然后单击"标记出点"按钮 ，即可在该位置添加一个出点，如图 4-89 所示。

04 选择"标记"|"转到入点"命令，或单击"源监视器"面板中的"转到入点"按钮 ，即可返回素材的入点标记，如图 4-90 所示。

图 4-90　单击"转到入点"按钮

05 选择"标记"|"转到出点"命令，或单击"源监视器"面板中的"转到出点"按钮 ➡️，即可返回素材的出点标记，如图 4-91 所示。

图 4-91　单击"转到出点"按钮

06 单击"源监视器"面板右下方的"按钮编辑器"按钮 ➕，在弹出的面板中将"添加标记"按钮 ♥、"转到上一标记"按钮 ◀♥ 和"转到下一标记"按钮 ➡️♥ 拖到"源监视器"面板下方的工具按钮栏中，如图 4-92 所示。

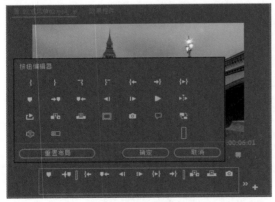

图 4-92　添加工具按钮

07 将时间指示器移到第 12 秒，选择"标记"|"添加标记"命令，或单击"添加标记"按钮 ♥，即可在该位置添加一个标记，标记会出现在时间标尺上方，如图 4-93 所示。

08 分别在第 5 秒和第 9 秒的位置添加一个标记，如图 4-94 所示。

09 选择"标记"|"转到上一标记"命令，或单击"转到上一标记"按钮 ◀♥，即可将时间指示器移到上一个标记位置，如图 4-95 所示。

图 4-93　添加一个标记

图 4-94　添加两个标记

图 4-95　单击"转到上一标记"按钮

10 选择"标记"|"转到下一标记"命令，或单击"转到下一标记"按钮 ➡️♥，即可将时间指示器移到下一个标记位置，如图 4-96 所示。

11 选择"标记"|"清除所选标记"命令，可以清除当前时间指示器所在位置的标记，如图 4-97 所示。

图 4-96　单击"转到下一标记"按钮

图 4-98　清除所有标记

13 选择"标记"|"清除入点"命令,可以清除设置的入点;选择"标记"|"清除入点和出点"命令,可以清除设置的入点和出点,如图 4-99 所示。

图 4-97　清除当前标记

12 选择"标记"|"清除所有标记"命令,可以清除所有的标记,如图 4-98 所示。

图 4-99　清除入点和出点

4.6　本章小结

本章介绍了在 Premiere 中创建项目的知识和操作方法,读者需要重点掌握的内容包括新建项目文件、在"项目"面板中导入素材、分类管理素材、修改素材的速度和持续时间、素材的脱机和联机、创建背景元素、在监视器面板中编辑素材等。

4.7　思考与练习

1. 单击"项目"面板左下方的＿＿＿＿＿＿按钮,作品元素将以列表格式显示在屏幕上。

2. ＿＿＿＿＿＿是当前并不存在的素材文件的占位符,可以记忆丢失的源素材信息。

3. 将"剪辑速度/持续时间"对话框中的持续时间设置为"00:01:25:00",表示对象的持续时间为＿＿＿＿＿＿。

4. 在 Premiere Pro 2021 中可以导入哪些常用的素材?

5. 当"项目"面板中的素材过多时，如何对素材进行分类管理？

6. 如何修改影片素材的播放速度？

7. 监视器＿＿＿＿＿用于显示动作和字幕所在的安全区域。

8. 在监视器面板中，如果按住 Shift 键的同时单击"前进一帧"按钮，可以使画面向前移动＿＿＿＿＿帧。

9. 在监视器中，安全框的作用是什么？

10. 启动 Premiere Pro 2021 应用程序，导入风景照片，并创建一个素材箱，将照片放入素材箱，然后修改所有照片的持续时间为 3 秒，如图 4-100 所示。

11. 启动 Premiere Pro 2021 应用程序，使用本章所学的知识，新建一个黑场视频，如图 4-101 所示。

图 4-100　导入素材并修改素材的持续时间

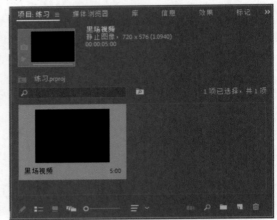

图 4-101　新建黑场视频

第5章

视频编辑基础

Premiere 的视频编辑主要是在"时间轴"面板中进行操作的。Premiere 创建的序列会显示在"时间轴"面板中，在"时间轴"面板中对序列素材进行编辑后，再将一个个的片段组接起来，就完成了视频的编辑操作。本章将介绍 Premiere Pro 2021 视频编辑的相关知识，包括认识"时间轴"面板、创建与设置序列、轨道的控制，以及在序列中添加素材的方法。

本章重点

- 认识"时间轴"面板
- 创建与设置序列
- 轨道的控制
- 在序列中添加素材

二维码教学视频

【练习 5-1】更改并保存序列

【练习 5-2】制作江南水乡

5.1　认识"时间轴"面板

　　Premiere 创建的序列存放在"时间轴"面板中，视频编辑的大部分工作都是在"时间轴"面板中进行的，该面板用于组接"项目"面板中的各种片段，是按时间排列片段、制作影视节目的编辑面板。

　　在创建序列前，"时间轴"面板只有标题、时间码和工具选项，而且这些选项都呈不可用的灰色状态，如图 5-1 所示。

图 5-1　"时间轴"面板

　　将素材添加到"时间轴"面板，或选择"文件"|"新建"|"序列"命令，创建一个序列后，"时间轴"面板将变为包括序列影视节目的工作区、视频轨道、音频轨道和各种工具组成的面板，如图 5-2 所示。

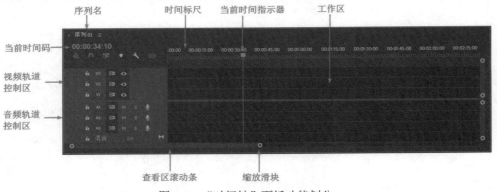

图 5-2　"时间轴"面板功能划分

> **提示**
>
> 　　如果在 Premiere 程序窗口中看不到"时间轴"面板，可以通过双击"项目"面板中的序列图标将其打开，或是选择"窗口"|"时间轴"命令将其打开。

5.1.1　时间轴标尺选项

　　"时间轴"面板中的时间轴标尺图标和控件决定了观看影片的方式，以及 Premiere 渲染和导出的区域。

- 时间标尺：时间标尺是时间间隔的可视化显示，它将时间间隔转换为每秒包含的帧数，对应于项目的帧速率。标尺上出现的数字之间的实际刻度数取决于当前的缩放级别，用户可以拖动查看区滚动条或缩放滑块进行调整。

- 当前时间码：在时间轴上移动当前时间指示器时，在当前时间码显示框中会指示当前帧所在的时间位置。可以单击时间码显示框并输入一个时间，以快速跳到指定的帧处。输入时间时不必输入分号或冒号。例如，单击时间码显示框并输入 35215 后按 Enter 键，如图 5-3 所示，即可移到帧 03:52:15 的位置，如图 5-4 所示。

图 5-3　输入时间值　　　　　　　　　　图 5-4　移动时间指示器

- 当前时间指示器：当前时间指示器是标尺上的蓝色图标。可以单击并拖动当前时间指示器在影片上缓缓移动，也可以单击标尺区域中的某个位置，将当前时间指示器移到特定帧处，如图 5-5 所示。
- 查看区滚动条：单击并拖动查看区滚动条可以更改时间轴中的查看位置，如图 5-6 所示。

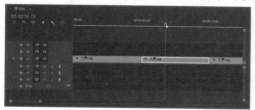
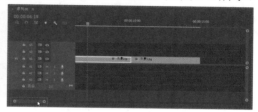

图 5-5　拖动时间指示器　　　　　　　　图 5-6　拖动查看区滚动条

- 缩放滑块：单击并拖动查看区滚动条两边的缩放滑块可以更改时间轴中的缩放级别。缩放级别决定标尺的增量和在"时间轴"面板中显示的影片长度。

提示

　　要放大时间轴，单击查看区滚动条两边的缩放滑块并向内拖动，如图 5-7 所示；要缩小时间轴，单击查看区滚动条两边的缩放滑块并向外拖动，如图 5-8 所示。

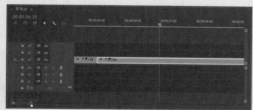
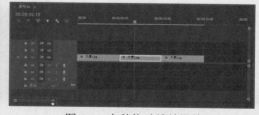

图 5-7　向内拖动缩放滑块　　　　　　　图 5-8　向外拖动缩放滑块

- 工作区：时间轴标尺的下面是 Premiere 的工作区，用于指定将要导出或渲染的工作区。

5.1.2　视频轨道控制区

　　"时间轴"面板的重点是视频和音频轨道，视频轨道提供了视频影片、转场和效果的可视化表示。使用时间轴轨道选项可以添加和删除轨道，并控制轨道的显示方式，还可以控制在导出项目时是否输出指定轨道，以及锁定轨道和指定是否在视频轨道中查看视频帧。

轨道控制的图标和轨道选项如图 5-9 所示，下面分别介绍常用图标和选项的功能。

- 对齐：该按钮触发 Premiere 的对齐到边界命令。当打开对齐功能时，一个序列的帧对齐到下一个序列的帧，这种磁铁似的效果有助于确保影片中没有间隙。打开对齐功能后，"对齐"按钮显示为被按下的状态。此时，将一个素材向另一个邻近的素材拖动时，它们会自动吸附在一起，这可以防止素材之间出现时间间隙。

- 添加标记：使用序列标记，可以设置想要快速跳至的时间轴上的点。序列标记有助于在编辑时将时间轴中的工作分解。要设置未编号标记，将当前时间指示器拖到想要设置标记的地方，然后单击"添加标记"按钮 即可，图 5-10 所示为设置的标记效果。

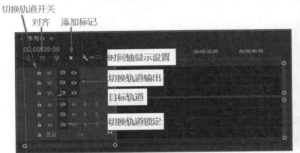

图 5-9　轨道中的图标和选项

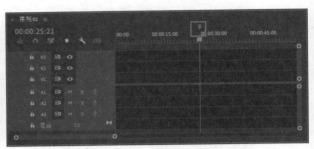

图 5-10　设置标记后的效果

- 目标轨道：当使用素材源监视器插入影片，或者当使用节目监视器或修整监视器编辑影片时，Premiere 会改变时间轴中当前目标轨道中的影片。要指定一个目标轨道，只需单击此轨道左侧的"目标轨道"图标即可。

- 切换轨道输出：单击"切换轨道输出"眼睛图标可以打开或关闭轨道输出功能，这可以避免在播放期间或导出时在"节目监视器"面板中查看轨道。要再次打开输出，只需再次单击此按钮，眼睛图标会再次出现，指示导出时将在"节目监视器"面板中查看轨道。

- 切换轨道锁定：轨道锁定是一个安全特性，可以防止意外编辑。当一个轨道被锁定时，不能对轨道进行任何更改。单击"切换轨道锁定"图标后，此图标将出现锁定标记 ，指示轨道已被锁定。要对轨道解锁，再次单击该图标即可。

- 将序列作为嵌套或个别剪辑插入并覆盖 ：用于将新序列作为嵌套或个别剪辑插入并覆盖原序列。

- 时间轴显示设置：单击该按钮 ，可以弹出用于设置时间轴显示样式的菜单，如图 5-11 所示。例如，启用"显示视频缩览图"选项后，在展开轨道时，可以显示素材的缩览图，如图 5-12 所示。

图 5-11　时间轴显示设置菜单

图 5-12　显示视频缩览图

5.1.3　音频轨道控制区

音频轨道中的时间轴控件与视频轨道中的时间轴控件类似。音频轨道提供了音频素材、转场和效果的可视化表示。

- 目标轨道：要将一个轨道转变为目标轨道，单击其左侧的"A1""A2"或"A3"图标即可。
- M/S：单击 M 按钮，转换为静音轨道；单击 S 按钮，转换为独奏轨道。
- 轨道锁定开关：此图标控制轨道是否被锁定。当轨道被锁定后，不能对轨道进行更改。单击"轨道锁定开关"图标，可以打开或关闭轨道锁定。当轨道被锁定时，将会出现锁形图标 🔒 。

提示

Premiere 可以提供各种不同的音频轨道，包括标准音频轨道、子混合轨道、主音轨道以及 5.1 轨道。标准音频轨道用于 WAV 和 AIFF 素材。子混合轨道用于为轨道的子集创建效果，而不是为所有轨道创建效果。使用 Premiere 音轨混合器可以将音频放到主音轨道和子混合轨道中。5.1 轨道是一种特殊轨道，仅用于立体声音频。

5.1.4　显示音频时间单位

默认情况下，Premiere 以帧的形式显示时间轴间隔。用户可以在"时间轴"面板中单击快捷菜单按钮，然后在快捷菜单中选择"显示音频时间单位"命令，如图 5-13 所示，即可将时间轴单位更改为音频时间单位，音频时间单位以毫秒或音频采样的形式显示，如图 5-14 所示。

图 5-13　选择"显示音频时间单位"命令

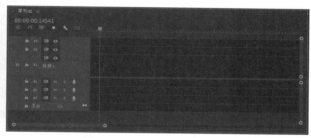

图 5-14　显示音频时间单位

5.2　创建与设置序列

将素材导入"项目"面板后，需要将素材添加到"时间轴"面板的序列中，然后在"时间轴"面板中对序列素材进行视频编辑。将素材按照顺序分配到时间轴上的操作就是装配序列。

5.2.1　新建序列

将"项目"面板中的素材拖到"时间轴"面板中，即可创建一个以素材名命名的序列。用户也可以通过新建命令，在"时间轴"面板中创建一个新序列，并且可以设置序列的名称、视频大小和轨道数等参数，新建的序列会作为一个新的选项卡自动添加到"时间轴"面板中。

选择"文件"|"新建"|"序列"命令，打开"新建序列"对话框，在下方的文本框中输入序列的名称，如图 5-15 所示。在"序列预设""设置"和"轨道"选项卡中设置好需要的参数后，单击"确定"按钮，即可在"时间轴"面板中新建一个序列，如图 5-16 所示。

图 5-15　输入序列的名称

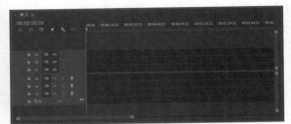

图 5-16　新建序列

5.2.2　序列预设

在"新建序列"对话框中选择"序列预设"选项卡，在"可用预设"列表中可以选择所需的序列预设参数。选择序列预设后，在该对话框的"预设描述"区域中，将显示该预设的编辑模式、画面大小、帧速率、像素长宽比和位数深度设置以及音频设置等，如图 5-15 所示。

Premiere 为 NTSC 电视和 PAL 标准提供了 DV(数字视频)格式预设。如果正在使用 HDV 或 HD 进行工作，也可以选择预设。用户还可以更改预设，同时将自定义预设保存起来，用于其他项目。

- 如果所工作的 DV 项目中的视频不准备用于宽银幕格式 (16：9 的纵横比)，可以选择"标准 48kHz"选项。该预设将声音品质指示为 48kHz，它用于匹配素材源影片的声音品质。
- 24P 预设文件夹用于以每秒 24 帧的帧速率进行拍摄且画幅大小是 720×480 的逐行扫描影片 (松下和佳能制造的摄像机在此模式下拍摄)。如果有第三方视频采集卡，可以看到其他预设，这些预设专门用于辅助采集卡工作。
- 如果使用 DV 影片，可以不必更改默认设置。

5.2.3　序列常规设置

在"新建序列"对话框中选择"设置"选项卡，在该选项卡中可以设置序列的常规参数，如图 5-17 所示。

- 编辑模式：编辑模式是由"序列预设"选项卡中选定的预设所决定的。使用编辑模式选项可以设置时间轴的播放方式和压缩方式。选择 DV 预设，编辑模式将自动设置为 DV NTSC 或 DV PAL。如果不想选择某种预设，那么可以直接从"编辑模式"下拉列表中选择一种编辑模式，选项如图 5-18 所示。
- 时基：也就是时间基准。在计算编辑精度时，"时基"选项决定了 Premiere 如何划分每秒的视频帧。在大多数项目中，时间基准应该匹配所采集影片的帧速率。对于 DV 项目来说，时间基准设置为 29.97 并且不能更改。应当将 PAL 项目的时间基准设置为 25，影片项目设置为 24，移动设备设置为 15。"时基"设置也决定了"显示格式"区域中的哪个选项可用。"时基"和"显示格式"选项决定了"时间轴"窗口中的标尺核准标记的位置。
- 帧大小：项目的画面大小是其以像素为单位的宽度和高度。第一个数字代表画面宽度，第二个数字代表画面高度。如果选择了 DV 预设，则画面大小设置为 DV 默认值 (720×480)。如果使用 DV 编辑模式，则不能更改项目的画面大小。但是，如果是使用桌面编辑模式创建的项目，则可以更改画面大小。如果是为 Web 或光盘创建的项目，那么在导出项目时可以缩小其画面大小。

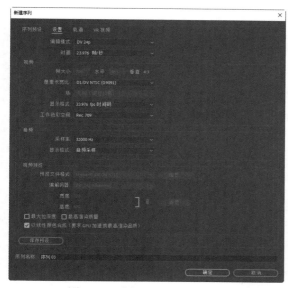

图 5-17　选择"设置"选项卡

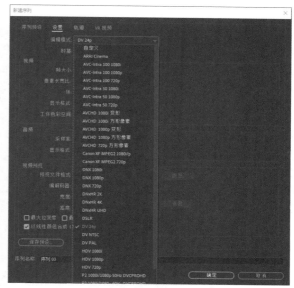

图 5-18　"编辑模式"下拉列表

🌑 像素长宽比：本设置应该匹配图像像素的形状——图像中一个像素的宽与高的比值。对于在图形程序中扫描或创建的模拟视频和图像，请选择方形像素。根据所选择的编辑模式的不同，"像素长宽比"选项的设置也会不同。例如，如果选择了"DV 24p"编辑模式，可以从 0.9 和 1.2 中进行选择，此格式用于宽银幕影片，如图 5-19 所示。如果选择了"自定义"编辑模式，则可以自由选择像素长宽比，如图 5-20 所示，此格式多用于方形像素。如果胶片上的视频是由变形镜头拍摄的，则选择"变形 2：1(2.0)"选项，这样镜头会在拍摄时压缩图像，但投影时，可以反向压缩可变形放映镜头以创建宽银幕效果。D1/DV 项目的默认设置是 0.9。

图 5-19　选择用于宽银幕影片的格式

图 5-20　自由选择像素长宽比

提示

如果需要更改所导入素材的帧速率或像素长宽比（因为它们可能与项目设置不匹配），请在"项目"面板中选定此素材，然后选择"剪辑"|"修改"|"解释素材"命令，打开"修改剪辑"对话框。要更改帧速率，可在该对话框中单击"采用此帧速率"选项，然后在文本编辑框中输入新的帧速率；要更改像素长宽比，则单击"符合"选项，然后从像素长宽比列表中进行选择。

🌑 场：在将项目导出到录像带中时，就要用到场。每个视频帧都会分为两个场，它们会显示 1/60 秒。在 PAL 标准中，每个场会显示 1/50 秒。在"场"下拉列表中可以选择"高场优先"或"低场优先"选项，这取决于系统期望得到什么样的场。

- 采样率：音频采样率决定了音频品质。采样率越高，提供的音质就越好。最好将此设置保持为录制时的值。如果将此设置更改为其他值，就需要更多处理过程，而且还可能降低音频品质。
- 视频预览：用于指定使用 Premiere 时如何预览视频。大多数选项是由项目编辑模式决定的，因此不能更改。例如，对 DV 项目而言，任何选项都不能更改。如果选择 HD 编辑模式，则可以选择一种文件格式。如果预览部分中的选项可用，可以选择组合文件格式和色彩深度，以便在重放品质、渲染时间和文件大小之间取得最佳平衡。

● 5.2.4　序列轨道设置

在"新建序列"对话框中选择"轨道"选项卡，在该选项卡中可以设置"时间轴"窗口中的视频和音频轨道数，也可以选择是否创建子混合轨道和数字轨道，如图 5-21 所示。

在"视频"选项组中的数值框中可以重新对序列的视频轨道数进行设置；在"音频"选项组中的"主"音轨下拉列表框中可以选择主音轨的类型，如图 5-22 所示，单击其下方的"添加轨道"按钮，则可以增加默认的音频轨道数，在下方的轨道列表中还可以设置音频轨道的名称、类型等参数。

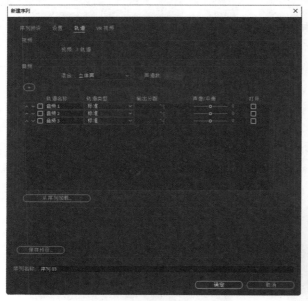

图 5-21　选择"轨道"选项卡

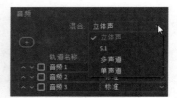

图 5-22　选择主音轨类型

注意

在"轨道"选项卡中更改设置并不会改变当前时间轴，如果通过选择"文件"|"新建"|"序列"命令的方式创建了一个新序列，则添加了新序列的时间轴会显示新设置。

【练习 5-1】更改并保存序列

01 选择"文件"|"新建"|"序列"命令，打开"新建序列"对话框，在"新建序列"对话框中选择"设置"选项卡，设置"编辑模式"和"帧大小"参数，如图 5-23 所示。

02 选择"轨道"选项卡，设置视频轨道数，然后单击"保存预设"按钮，如图 5-24 所示。

图 5-23　设置常规参数

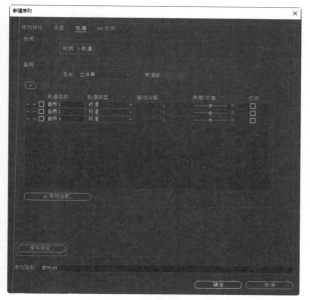

图 5-24　设置轨道参数

03 在打开的"保存序列预设"对话框中为该自定义预设命名，也可以在"描述"文本框中输入一些有关该预设的说明性文字，如图 5-25 所示。

图 5-25　命名自定义预设

04 单击"确定"按钮，即可保存设置的序列预设参数，保存的预设将出现在"序列预设"选项卡的"自定义"文件夹中，如图 5-26 所示。

图 5-26　新建的预设序列

● 5.2.5　关闭和打开序列

　　创建序列后，序列会在"项目"面板中生成。在"时间轴"面板中单击序列名称前的"关闭"按钮 ，可以将"时间轴"面板中的序列关闭；关闭"时间轴"面板中的序列后，双击"项目"面板中的序列项目，可以在"时间轴"面板中重新打开该序列。

5.3　轨道控制

在视频编辑过程中，通常需要进行视频或音频轨道的添加、删除等操作。本节就介绍一下添加轨道、删除轨道和重命名轨道的方法。

5.3.1　添加轨道

选择"序列"|"添加轨道"命令，或者右击轨道名称并从弹出的快捷菜单中选择"添加轨道"命令，打开如图 5-27 所示的"添加轨道"对话框，在其中可以选择要创建的轨道类型和轨道放置的位置。图 5-28 所示是添加视频轨道后的效果。

图 5-27　"添加轨道"对话框

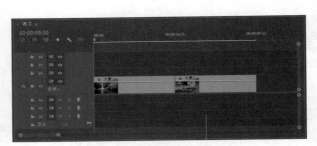

图 5-28　添加视频轨道

5.3.2　删除轨道

在删除轨道之前，需要先确定是删除目标轨道还是空轨道。如果要删除一个目标轨道，先将该轨道选中，然后选择"序列"|"删除轨道"命令，或者右击轨道名称并从弹出的快捷菜单中选择"删除轨道"命令，打开"删除轨道"对话框，如图 5-29 所示。在该对话框中可以选择删除空轨道、目标轨道还是音频子混合轨道，在删除轨道的列表框中还可以选择要删除的某一个轨道，如图 5-30 所示。

图 5-29　"删除轨道"对话框

图 5-30　选择要删除的轨道

5.3.3　重命名轨道

要重命名一个音频或视频轨道，首先展开该轨道并显示其名称，然后右击轨道名称，在出现的快捷菜单中选择"重命名"命令，如图 5-31 所示，然后对轨道进行重命名，完成后按下 Enter 键即可，如图 5-32 所示。

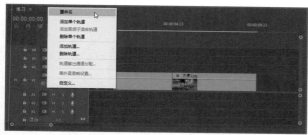

图 5-31　选择"重命名"命令

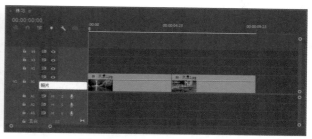

图 5-32　重命名视频轨道

5.3.4　锁定与解锁轨道

在进行视频编辑时，对当前暂时不需要进行操作的轨道进行锁定，可以避免因轨道选择错误而导致视频编辑错误。当需要对锁定的轨道进行操作时，可以再将其解锁，从而提高视频编辑效率。

锁定轨道的操作很简单，选择需要锁定的轨道，然后单击轨道前方的"切换轨道锁定"按钮，此时该按钮将变成锁定状态，轨道上将出现斜线图形，表示该轨道已被锁定而无法进行操作，如图 5-33 所示。

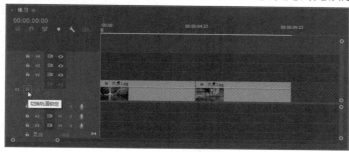

图 5-33　锁定视频轨道

5.4　在序列中添加素材

在"项目"面板中导入素材后，就可以将素材添加到时间轴的序列中，这样便可以在"时间轴"面板中对素材进行编辑，还可以在"节目监视器"面板中对素材效果进行播放预览。

在 Premiere 中创建序列后，可以通过如下几种方法将"项目"面板中的素材添加到"时间轴"面板的序列中。

- 在"项目"面板中选择素材，然后将其从"项目"面板拖到"时间轴"面板的序列轨道中。
- 选中"项目"面板中的素材，然后选择"素材"|"插入"命令，将素材插入当前时间指示器所在的目标轨道上。插入素材时，该素材会被放到序列中，并将插入点所在的影片推向右边。
- 选中"项目"面板中的素材，然后选择"素材"|"覆盖"命令，将素材插入当前时间指示器所在的目标轨道上。插入素材时，该素材会被放到序列中，插入的素材将替换当前时间指示器后面的素材。
- 双击"项目"面板中的素材，在"源监视器"面板中将其打开，设置好素材的入点和出点后，单击"源监视器"面板中的"插入"或"覆盖"按钮，或者选择"素材"|"插入"或"素材"|"覆盖"命令，将素材添加到"时间轴"面板中。

【练习 5-2】制作江南水乡

01 新建一个项目文件，然后执行"导入"命令，在"项目"面板中导入照片素材，如图 5-34 所示。

图 5-34　导入照片素材

02 选择"文件"|"新建"|"序列"命令，打开"新建序列"对话框，在"序列名称"文本框中输入序列名称，如图 5-35 所示。

图 5-35　输入序列名称

03 选择"设置"选项卡，设置编辑模式为"自定义"、帧大小的水平值为 1920、垂直值为 1080，如图 5-36 所示。

04 在"项目"面板中选择"01.jpg"素材，然后将其拖动到"时间轴"面板的视频 1 轨道中，即可将选择的素材添加到当前序列中，如图 5-37 所示。

注意

　　设置帧大小时，应根据原素材的大小进行设置，设置的帧大小应等于或小于原素材的大小。

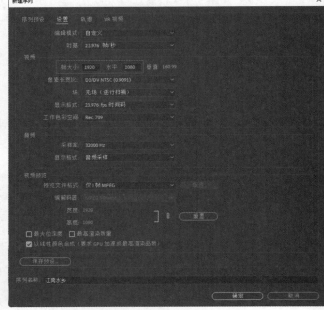

图 5-36　设置帧大小

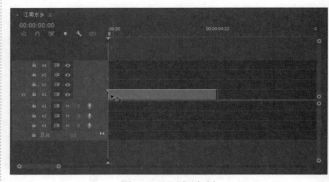

图 5-37　添加素材

05 在"项目"面板中选择其余 3 张照片，然后将其拖动到"时间轴"面板的轨道 1 中，将其入点与前面素材的出点对齐，效果如图 5-38 所示。

06 执行"导入"命令，在"项目"面板中导入音频素材，如图 5-39 所示。

07 在"项目"面板中选择并拖动音频素材到"时间轴"面板的音频 1 轨道中，如图 5-40 所示。

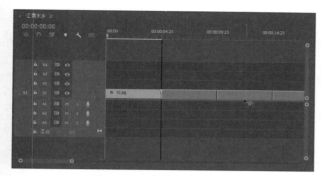

图 5-38　添加其他视频素材

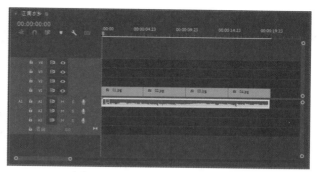

图 5-40　在序列中添加音频素材

08 单击"节目监视器"面板中的"播放 - 停止切换"按钮 ，可以预览在"时间轴"面板中编辑好的效果，如图 5-41 所示。

图 5-39　导入音频素材

图 5-41　预览效果

注意

在开启"对齐"功能的状态下，所添加素材的入点可以自动对齐到附近对象的入点、出点，或是时间指示器的位置。开启"对齐"功能后，在添加素材时，相邻的素材会自动吸附在一起，可以防止素材之间出现时间间隙。

5.5　本章小结

本章介绍了 Premiere Pro 2021 中"时间轴"面板和序列的相关知识，详细解释了视频编辑的重点是先创建序列，然后在"时间轴"面板中对素材进行操作。读者需要重点掌握"时间轴"面板的组成元素、序列的创建与控制，以及如何添加和删除视频音频轨道等内容。

5.6　思考与练习

1. 新建的序列会作为一个新的选项卡自动添加到＿＿＿＿＿面板中。
2. 将素材添加到"时间轴"面板的序列中后，就可以在＿＿＿＿＿中对素材效果进行播放预览。

3. 在时间轴上移动当前时间指示器时，在当前时间码显示框中会指示_____所在的时间位置。

4. 在"时间轴"面板中单击时间码显示框，然后输入 21500，再按 Enter 键，可以将时间指示器移到_____的时间位置。

5. 在"时间轴"面板中打开_____功能后，将一个素材向另一个邻近的素材拖动时，它们会自动吸附在一起，这可以防止素材之间出现时间间隙。

6. 启动 Premiere Pro 2021 应用程序，新建一个项目文件，然后导入素材，再将导入的素材依次排列在视频和音频轨道中。

第6章 视频编辑高级技术

Premiere 的视频编辑功能十分强大，使用 Premiere 的选择工具就可以编辑整个项目。但是，如果要进行精确编辑，还需要使用 Premiere 更深层次的编辑功能。本章将介绍 Premiere "工具"面板中的编辑工具、嵌套序列、在"时间轴"面板中编辑素材、在"时间轴"面板中设置入点和出点等内容。

本章重点

- Premiere 编辑工具
- 在"时间轴"面板中编辑素材
- 在序列中设置素材的入点和出点
- 主素材和子素材
- 嵌套序列
- 多机位序列

二维码教学视频

【练习 6-1】波纹编辑素材的入点或出点
【练习 6-2】滚动编辑素材的入点和出点
【练习 6-3】外滑编辑素材的入点和出点
【练习 6-4】内滑编辑素材的入点和出点
【练习 6-5】启用和禁用序列中的素材
【练习 6-6】通过插入方式重排素材
【练习 6-7】通过提取方式重排素材
【练习 6-8】通过覆盖方式重排素材
【练习 6-9】自动匹配序列
【练习 6-10】应用素材编组
【练习 6-11】在"时间轴"面板中设置素材的入点和出点
【练习 6-12】使用"剃刀工具"切割素材
【练习 6-13】设置序列的入点和出点
【练习 6-14】创建和编辑子素材
【练习 6-15】创建嵌套序列
【练习 6-16】创建多机位序列

6.1　Premiere 编辑工具

在"工具"面板中，合理使用其中的编辑工具，可以快速编辑素材的入点和出点。Premiere 的编辑工具如图 6-1 所示。

6.1.1　选择工具

选择工具▶在编辑素材中是最常用的工具，可以对素材进行选择、移动，还可以选择并调节素材的关键帧，也可以在"时间轴"面板中通过拖动素材的入点和出点，为素材设置入点和出点。

6.1.2　编辑工具组

单击编辑工具组右下角的三角形按钮，可以展开并选择该组中的工具，其中包含了波纹编辑工具、滚动编辑工具和比率拉伸工具，如图 6-2 所示。

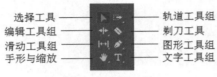

图 6-1　编辑工具

图 6-2　展开编辑工具组

1. 波纹编辑工具

使用"波纹编辑工具"◄▮►可以编辑一个素材的入点和出点，而不影响相邻的素材。在减小前一个素材的出点时，Premiere 会将下一个素材向左拉近，而不改变下一个素材的入点，这样就改变了整个作品的持续时间。

【练习 6-1】波纹编辑素材的入点或出点

01 新建一个项目和一个序列，然后在"项目"面板中导入素材，如图 6-3 所示。

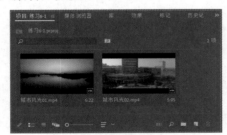

图 6-3　导入素材

02 将导入的素材添加到时间轴的视频 1 轨道中，如图 6-4 所示。

03 下面对第一个素材的出点进行调整。单击"工具"面板中的"波纹编辑工具"按钮◄▮►，或按 B 键选择波纹编辑工具。将光标移到第一个素材的出点处，然后单击并向左拖动以减小该素材的长度，如图 6-5 所示。

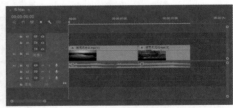

图 6-4　在视频 1 轨道中添加素材

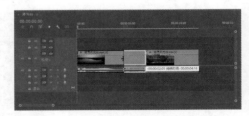

图 6-5　向左拖动第一个素材的出点

04 改变第一个素材的出点后，相邻素材将向前移动，与前面的素材连接在一起，其持续时间将保持不变，整个序列的持续时间将发生改变，如图 6-6 所示。

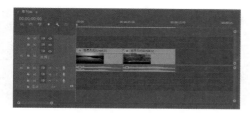

图 6-6　波纹编辑素材后的效果

2. 滚动编辑工具

在"时间轴"面板中，使用"滚动编辑工具" ![] 通过单击并拖动一个素材的边缘，可以修改素材的入点或出点。当单击并拖动边缘时，下一个素材的持续时间会根据前一个素材的变动自动调整。例如，如果第一个素材增加 5 帧，那么就会从下一个素材减去 5 帧。这样，使用"滚动编辑工具"编辑素材时，不会改变所编辑节目的持续时间。

【练习 6-2】滚动编辑素材的入点和出点

01 在"源监视器"面板中分别设置两个素材的入点和出点，如图 6-7 和图 6-8 所示。

图 6-7　设置入点和出点（一）

图 6-8　设置入点和出点（二）

02 将设置了入点和出点后的两个素材依次拖到"时间轴"面板的视频 1 轨道中，并使它们组接在一起，如图 6-9 所示。

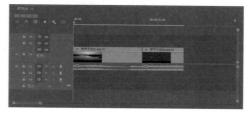

图 6-9　在轨道中添加素材

03 单击"工具"面板中的"滚动编辑工具"按钮 ![]，或按 N 键选择滚动编辑工具，然后将光标移到两个邻接素材的边界处，如图 6-10 所示。

图 6-10　移动光标至两个邻接素材的边界处

04 按住鼠标并拖动素材即可修整素材。向右拖动边界，会增加第一个素材的出点，并减小后一个素材的入点，如图 6-11 所示。在"节目监视器"面板中会显示编辑入点和出点时的预览效果，如图 6-12 所示。

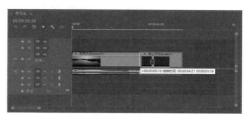

图 6-11　向右拖动边界

图 6-12　编辑入点和出点时的预览效果（一）

05 向左拖动边界，会减小第一个素材的出点，并增加后一个素材的入点，如图 6-13 所示。在"节目监视器"面板中会显示编辑入点和出点时的预览效果，如图 6-14 所示。

图 6-13　向左拖动边界

图 6-14　编辑入点和出点时的预览效果（二）

3. 比率拉伸工具

"比率拉伸工具" ▦用于对素材的速度进行相应的调整，从而达到改变素材长度的目的。

6.1.3　滑动工具组

在滑动工具组中包含了外滑工具和内滑工具，各种工具的作用如下。

1. 外滑工具

使用"外滑工具" ↔可以改变夹在两个素材之间的素材的入点和出点，而且保持中间素材的原有持续时间不变。单击并拖动素材时，素材左右两边的素材不会改变，序列的持续时间也不会改变。

【练习 6-3】外滑编辑素材的入点和出点

01 新建一个项目和一个序列，然后将素材导入"项目"面板中，如图 6-15 所示。

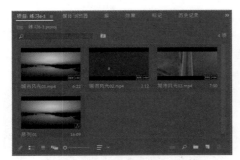

图 6-15　导入素材

02 在"源监视器"面板中设置"城市风光 02.mp4"素材的入点和出点。

03 将 3 个素材依次添加到"时间轴"面板的视频 1 轨道中，如图 6-16 所示。

图 6-16　在视频 1 轨道中添加素材

04 单击"工具"面板中的"外滑工具"按钮↔，或按 Y 键选择外滑工具，然后按住鼠标并拖动视频 1 轨道中的中间素材，可以改变选中素材的入点和出点，中间素材的入点和出点发生了变化，而整个序列的持续时间没有改变，如图 6-17 所示。在"节目监视器"面板中会显示外滑编辑入点和出点时的预览效果，如图 6-18 所示。

图 6-17　拖动中间的素材

图 6-18　编辑入点和出点时的预览效果

注意

　　虽然"外滑工具"通常用来编辑两个素材之间的素材，但是即使一个素材不是位于另外两个素材之间，也可以使用外滑工具编辑它的入点和出点。

2. 内滑工具

　　与外滑工具类似，"内滑工具" ⌗ 也用于编辑序列中位于两个素材之间的素材。不过在使用"内滑工具" ⌗ 进行拖动的过程中，会保持中间素材的入点和出点不变，但会改变相邻素材的持续时间。

　　滑动编辑素材的出点和入点时，向右拖动会增加前一个素材的出点，而使后一个素材的入点发生延后。向左拖动则会减小前一个素材的出点，而使后一个素材的入点发生提前。这样，所编辑素材的持续时间和整个节目的持续时间没有改变。

【练习6-4】内滑编辑素材的入点和出点

01 新建一个项目和一个序列，在"项目"面板中导入 3 个视频素材，然后在"源监视器"面板中设置各个素材的入点和出点。

02 将 3 个素材依次添加到"时间轴"面板的视频 1 轨道中，如图 6-19 所示。

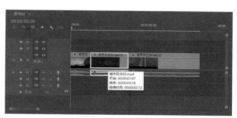

图 6-20　向左拖动素材

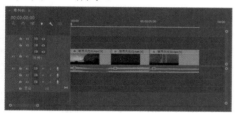

图 6-19　在视频 1 轨道中添加素材

03 单击"工具"面板中的"内滑工具"按钮 ⌗，或按 U 键选择内滑工具。然后按住鼠标并拖动位于两个素材之间的素材来调整素材的入点和出点。向左拖动可以缩短前一个素材的持续时间并加长后一个素材的持续时间，如图 6-20 所示。

04 向右拖动可以加长前一个素材的持续时间并缩短后一个素材的持续时间，如图 6-21 所示，"节目监视器"面板中显示了对所有素材的影响，而整个序列的持续时间没变，如图 6-22 所示。

图 6-21　向右拖动素材

图 6-22　预览效果

6.1.4　其他工具

　　除了前面介绍的工具外，在"工具"面板中还包括图形工具组、文字工具组、轨道工具组、剃刀工具、手形工具和缩放工具等，各个工具的功能如下。

- 图形工具组：包含了钢笔工具 🖊、矩形工具 ▣ 和椭圆工具 ◯。使用钢笔工具可以在"时间轴"面板中设置素材的关键帧，还可以在"节目监视器"面板中绘制图形；使用矩形工具可以在"节目监视器"

面板中绘制矩形；使用椭圆工具可以在"节目监视器"面板中绘制椭圆形。

- 文字工具组：包含了文字工具 **T** 和垂直文字工具 **IT**。文字工具用于创建横排文字；垂直文字工具用于创建垂直文字。
- 向前选择轨道工具 ➡️：展开轨道工具组，可以选择该工具。使用该工具在某一轨道中单击鼠标，可以选择该轨道中光标及其右侧的所有素材。
- 向后选择轨道工具 ⬅️：展开轨道工具组，可以选择该工具。使用该工具在某一轨道中单击鼠标，可以选择该轨道中光标及其左侧的所有素材。
- 剃刀工具 ◆：用于分割素材。选择剃刀工具后单击素材，会将素材分为两段，每段素材将产生新的入点和出点。
- 手形工具 ✋：用于改变"时间轴"窗口的可视化区域，有助于编辑一些较长的素材。
- 缩放工具 🔍：单击手形工具组右下角的三角形按钮，展开该工具组，可以选择缩放工具。该工具用来调整"时间轴"面板中时间单位的显示比例。按下 Alt 键，可以在放大和缩小模式间进行切换。

6.2　在"时间轴"面板中编辑素材

"时间轴"面板是 Premiere 用于放置序列的地方，用户可以在"时间轴"面板中对序列中的素材进行各种编辑操作。

6.2.1　选择和移动素材

将素材放置在"时间轴"面板中以后，作为编辑过程的一部分，可能还需要重新排列素材的位置。用户可以选择一次移动一个素材，或者同时移动几个素材，还可以单独移动某个素材的视频或音频。

1. 使用选择工具

在"时间轴"面板中移动单个素材时，最简单的方法是使用"工具"面板中的选择工具 ▶ 选择并拖动素材。使用"工具"面板中的选择工具可以进行以下操作。

- 单击素材，可以将其选中。然后拖动素材，可以移动素材。
- 按住 Shift 键的同时单击想要选择的多个素材，或者通过框选的方式也可以选择多个素材。
- 如果想选择素材的视频部分而不要音频部分，或者想选择音频部分而不要视频部分，可以在按住 Alt 键的同时单击素材的视频或音频部分。

2. 使用轨道选择工具

如果想快速选择某个轨道上的多个素材，或者从某个轨道中删除一些素材，可以使用"工具"面板中的"向前选择轨道工具" ➡️ 或"向后选择轨道工具" ⬅️ 进行选择。

选择"向前选择轨道工具" ➡️ 后，单击轨道中的素材，可以选择所单击的素材及该素材右侧的所有素材，如图 6-23 所示；选择"向后选择轨道工具" ⬅️ 后，单击轨道中的素材，可以选择所单击的素材及该素材左侧的所有素材，如图 6-24 所示。

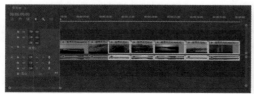

图 6-23　向前选择素材　　　　　　　　　　　图 6-24　向后选择素材

6.2.2　启用和禁用素材

在进行视频编辑的过程中，使用"节目监视器"面板播放项目时，如果不想看到素材的视频，可以将其禁用，而不必将其删除。

【练习6-5】启用和禁用序列中的素材

01 新建一个项目文件和一个序列，在"项目"面板中导入素材，如图6-25所示。

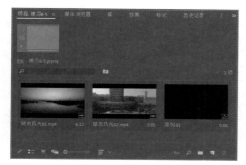

图 6-25　导入素材

02 将导入的素材添加到"时间轴"面板的视频轨道中，如图6-26所示。

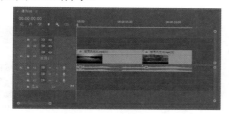

图 6-26　在时间轴中添加素材

03 在"时间轴"面板中将时间指示器移到第一个素材所在的持续范围内，在"节目监视器"面板中查看序列中的节目效果，如图6-27所示。

04 在"时间轴"面板中选中第一个素材，然后选择"剪辑"|"启用"命令，"启用"菜单项上的复

选标记将被移除，这样即可将选中的素材设置为禁用状态，禁用的素材名称将显示为灰色文字，并且该素材不能在"节目监视器"面板中显示，如图6-28所示。

图 6-27　查看节目效果

图 6-28　禁用素材

05 如要重新启用素材，可以再次选择"剪辑"|"启用"命令，将素材设置为最初的启用状态，该素材便可以重新在"节目监视器"面板中显示。

6.2.3　调整素材的排列

进行视频编辑时，有时需要将"时间轴"面板中的某个素材放置到另一个区域。但是，在移动某个素材后，就会在移除素材的地方留下一个空隙，如图6-29和图6-30所示。为了避免这个问题，Premiere提供了"插入""提取"或"覆盖"编辑的方式来移动素材。

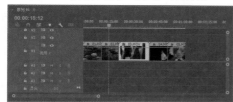

图 6-29　移动素材前

图 6-30　移动素材后

1. 插入素材

在 Premiere 中，通过"插入"方式排列素材，可以在节目中的某个位置快速添加一个素材，且在各个素材之间不留下空隙。

【练习 6-6】通过插入方式重排素材

01 新建一个项目文件，在"项目"面板中导入 4 个素材，如图 6-31 所示。

图 6-31　导入素材

02 新建一个序列，将"项目"面板中的"城市风光 01.mp4"和"城市风光 04.mp4"素材添加到"时间轴"面板的视频 1 轨道中，如图 6-32 所示。

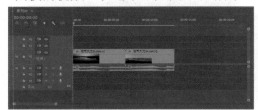

图 6-32　在时间轴中添加素材

03 在"时间轴"面板中将时间指示器移到"城市风光 01.mp4"素材的出点处，如图 6-33 所示。

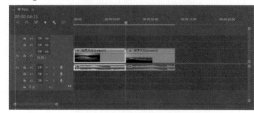

图 6-33　移动时间指示器

04 在"项目"面板中选中"城市风光 02.mp4"素材，然后选择"剪辑"|"插入"命令，即可将"城市风光 02.mp4"素材插入"城市风光 01.mp4"素材的后面，如图 6-34 所示。

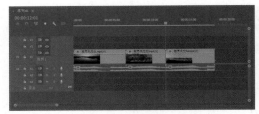

图 6-34　在时间轴中插入素材

05 在"时间轴"面板中将时间指示器移到"城市风光 01.mp4"素材的中间，如图 6-35 所示。

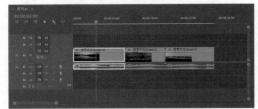

图 6-35　移动时间指示器

06 在"项目"面板中选中"城市风光 03.mp4"素材，然后选择"剪辑"|"插入"命令，即可将"城市风光 03.mp4"素材插入"城市风光 01.mp4"素材的中间，如图 6-36 所示。

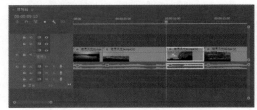

图 6-36　在时间轴中插入素材

2. 提取素材

使用"提取"方式可以在移除素材之后闭合素材的间隙。按住 Ctrl 键，将一个素材或一组选中的素材拖到新位置，然后释放鼠标，即可以提取方式重排素材。

【练习 6-7】通过提取方式重排素材

01 新建一个项目文件，在"项目"面板中导入 4 个素材。

02 新建一个序列，将"项目"面板中的素材依次添加到"时间轴"面板的视频 1 轨道中，如图 6-37 所示。

03 按住 Ctrl 键的同时，选择视频 1 轨道中的"城市风光 02.mp4"素材，如图 6-38 所示。

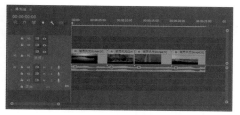

图 6-37　在时间轴中添加素材

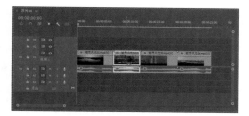

图 6-38　按住 Ctrl 键选择素材

04 将"城市风光 02.mp4"素材拖到"城市风光 04.mp4"素材的出点处,如图 6-39 所示。释放鼠标,即可完成素材的提取,如图 6-40 所示。

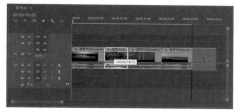

图 6-39　拖动素材

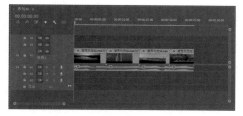

图 6-40　提取素材

3. 覆盖素材

以"覆盖"方式重排素材可以使用某个素材将

时间指示器所在位置的素材覆盖。在"项目"面板中选择一个素材,然后在"时间轴"面板中将时间指示器移到指定位置,再选择"剪辑"|"覆盖"命令,即可使用选择的素材将时间指示器后面的素材覆盖;或者在"时间轴"面板中将一个素材拖到另一个素材的位置,即可将其覆盖。

【练习 6-8】通过覆盖方式重排素材

01 新建一个项目文件,在"项目"面板中导入 4 个素材。

02 新建一个序列,将"项目"面板中的"城市风光 01.mp4""城市风光 02.mp4"和"城市风光 03.mp4"3 个素材依次添加到"时间轴"面板的视频 1 轨道中。然后将时间指示器移到"城市风光 01.mp4"素材的出点处,如图 6-41 所示。

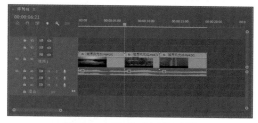

图 6-41　移动时间指示器

03 在"项目"面板中选择"城市风光 04.mp4"素材,然后选择"剪辑"|"覆盖"命令,即可使用"城市风光 04.mp4"素材覆盖"城市风光 01.mp4"素材后面的素材,如图 6-42 所示。

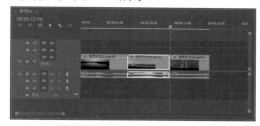

图 6-42　覆盖素材

6.2.4　自动匹配序列

使用 Premiere 的自动匹配序列功能不仅可以将素材从"项目"面板添加到时间轴的轨道中,还可以在素材之间添加默认过渡效果。

【练习 6-9】自动匹配序列

01 新建一个项目文件,在"项目"面板中导入多个素材,如图 6-43 所示。

02 新建一个序列,将"项目"面板中的两个素材添加到"时间轴"面板的视频轨道中,然后将时间指示器移到两个素材之间,如图 6-44 所示。

图 6-43　导入素材

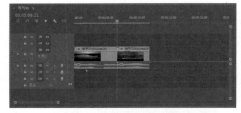

图 6-44　在时间轴中添加素材

03 在"项目"面板中选中其他几个素材，作为要自动匹配到"时间轴"面板中的素材，如图 6-45 所示。

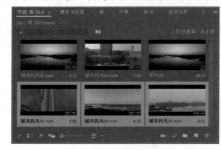

图 6-45　选中要匹配的素材

04 选择"剪辑"|"自动匹配序列"命令，打开"序列自动化"对话框，如图 6-46 所示。

图 6-46　"序列自动化"对话框

"序列自动化"对话框中主要选项的功能如下。

- 顺序：此选项用于选择是按素材在"项目"面板中的排列顺序对它们进行排序，还是按在"项目"面板中选择它们的顺序进行排序。

- 放置：选择"按顺序"对素材进行排序，或者选择按时间轴中的每个未编号标记进行排序。如果选择"未编号标记"选项，那么 Premiere 将禁用该对话框中的"转场过渡"选项。

- 方法：此选项允许选择"插入编辑"或"覆盖编辑"。如果选择"插入编辑"选项，那么已经在时间轴中的素材将向右推移。如果选择"覆盖编辑"选项，那么来自"项目"面板的素材将替换时间轴中的素材。

- 剪辑重叠：此选项用于指定将多少秒或多少帧用于默认转场。在 30 帧长的转场中，15 帧将覆盖来自两个相邻素材的帧。

- 过渡：此选项应用目前已设置好的素材之间的默认切换转场。

- 忽略音频：如果选择此选项，那么 Premiere 不会放置链接到素材的音频。

- 忽略视频：如果选择此选项，那么 Premiere 不会将视频放置在时间轴中。

05 在"序列自动化"对话框中设置"顺序"为"排序"、"方法"为"插入编辑"，如图 6-47 所示。然后单击"确定"按钮，即可完成操作，自动匹配序列后的效果如图 6-48 所示。

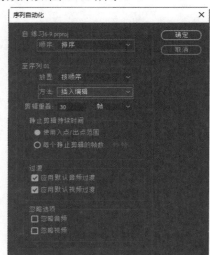

图 6-47　设置自动匹配选项

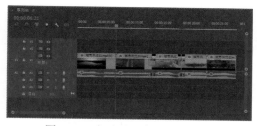

图 6-48　自动匹配序列后的效果

注意

如果要将在"项目"面板中选择的素材按顺序放置在视频轨道中，首先要对"项目"面板中的素材进行排序，以便它们按照需要的时间顺序显示。

6.2.5　素材的编组

如果需要多次选择相同的素材，则应该将它们放置在一个组中。在创建素材组之后，可以通过单击任意组的编号来选择该组的每个成员，还可以通过选择该组的任意成员并按 Delete 键来删除该组中的所有素材。

- 在"时间轴"面板中选择需要编为一组的素材，然后选择"剪辑"|"编组"命令，即可对选择的素材进行编组。进行素材编组后，当选择组中的一个素材时，该组中的其他素材也会同时被选取。
- 在"时间轴"面板中选择素材组，然后选择"剪辑"|"取消编组"命令，即可取消素材的编组。

【练习 6-10】应用素材编组

01 新建一个项目文件和一个序列，在"项目"面板中导入多个素材。然后将各素材依次添加到"时间轴"面板的视频 1 轨道中。

02 在视频 1 轨道中选择中间的 4 个素材，然后选择"剪辑"|"编组"命令，即可将选中的素材编辑为一组，如图 6-49 所示。

图 6-49　对素材进行编组

03 在视频 1 轨道中选择编组素材中的任意一个素材，即可选中整个素材组。将选中的素材拖到最后一个素材的出点处，释放鼠标，整个编组中的素材都将被移到最后面，如图 6-50 所示。

图 6-50　移动素材到最后面

6.2.6　删除序列间隙

在编辑过程中，有时不可避免地会在"时间轴"面板的素材间留有间隙。如果通过移动素材来填补间隙，那么其他的素材之间又会出现新的间隙。在这种情况下，就需要使用波纹删除方法来删除序列中素材间的间隙。

在素材间的间隙中单击鼠标右键，从弹出的快捷菜单中选择"波纹删除"命令，如图 6-51 所示，就可以将素材间的间隙删除，如图 6-52 所示。

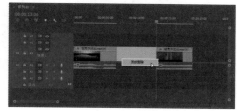

图 6-51　选择"波纹删除"命令

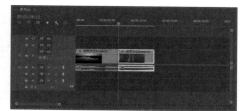

图 6-52　删除素材间的间隙

6.3　在序列中设置素材的入点和出点

将素材添加到"时间轴"面板的序列中，用户就可以通过"选择工具"或使用标记命令为序列中的素材设置入点和出点。

6.3.1　拖动设置素材的入点和出点

在"时间轴"面板的序列中设置素材的入点和出点，可以改变素材输出为影片后的持续时间。使用"选择工具"可以快速调整素材的入点和出点。

【练习6-11】在"时间轴"面板中设置素材的入点和出点

01 新建一个项目文件和一个序列，然后在"项目"面板中导入两个素材，并将"项目"面板中的素材添加到"时间轴"面板的视频轨道中，如图6-53所示。

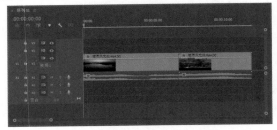

图6-53　在时间轴中添加素材

02 设置素材的入点：单击"工具"面板中的"选择工具"按钮，将光标移到"时间轴"面板中素材的左边缘(入点)，选择工具将变为一个向右的边缘图标，如图6-54所示。

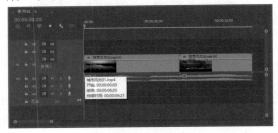

图6-54　移动光标到素材的左边缘

03 单击并按住鼠标左键，然后向右拖动鼠标到想作为素材入点的位置，即可设置素材的入点。在拖动素材左边缘(入点)时，时间码读数会显示在该素材的下方，如图6-55所示。松开鼠标左键，即可在"时间轴"面板中重新设置素材的入点，如图6-56所示。

图6-55　拖动素材的入点

图6-56　更改素材的入点

04 设置素材的出点：选择"选择工具"后，将光标移到"时间轴"面板中素材的右边缘(出点)，此时选择工具将变为一个向左的边缘图标。

05 单击并按住鼠标左键，然后向左拖动鼠标到想作为素材出点的位置，即可设置素材的出点，如图6-57所示。松开鼠标左键，即可在"时间轴"面板中重新设置素材的出点，如图6-58所示。

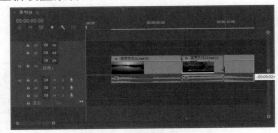

图6-57　拖动素材的出点

图 6-58　更改素材的出点

6.3.2　切割编辑素材

使用"工具"面板中的"剃刀工具"◈可以将素材切割成两段，从而可快速设置素材的入点和出点，并且可以将不需要的部分删除。

【练习 6-12】使用"剃刀工具"切割素材

01 新建一个项目文件和一个序列，并在"项目"面板和"时间轴"面板中添加素材，在"时间轴"面板中激活"对齐"按钮█，如图 6-59 所示。

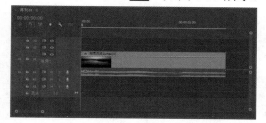

图 6-59　启用"对齐"功能

02 将当前时间指示器移到想要切割素材的位置，在"工具"面板中选择"剃刀工具"◈，在时间指示器位置单击，如图 6-60 所示，即可在时间指示器位置切割目标轨道上的素材，效果如图 6-61所示。

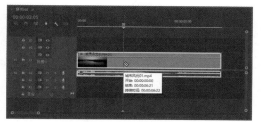

图 6-60　单击切割素材

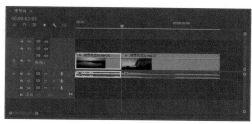

图 6-61　切割素材后的效果

03 在"工具"面板中选择"选择工具"▶，然后在"时间轴"面板中选择前半部分的素材，按 Delete 键，即可将所选择部分的素材删除，如图 6-62 所示。

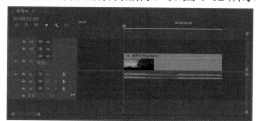

图 6-62　删除前半部分的素材

6.3.3　设置序列的入点和出点

对序列设置入点和出点后，在渲染输出项目时，可以只渲染入点到出点间的内容。使用菜单中的"标记"|"标记入点"和"标记"|"标记出点"命令，可以设置"时间轴"面板中序列的入点和出点。

【练习6-13】设置序列的入点和出点

01 新建一个项目文件和一个序列，在"项目"面板中导入两个素材，并添加到"时间轴"面板中的视频轨道中。

02 将当前时间指示器拖到要设置为序列入点的位置。选择"标记"|"标记入点"命令，在时间轴标尺线上的相应时间位置即可出现一个"入点"图标，如图6-63所示。

图6-63 标记入点

03 将当前时间指示器拖到要设置为序列出点的位置，选择"标记"|"标记出点"命令，在时间轴标尺线上的相应时间位置即可出现一个"出点"图标，如图6-64所示。

图6-64 标记出点

04 为当前序列设置好入点和出点之后，可以通过在"时间轴"面板中拖动入点或出点对其进行修改，如图6-65所示为修改出点标记后的效果。

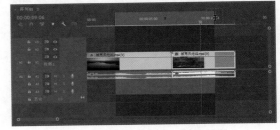

图6-65 修改出点标记后的效果

05 设置好序列的入点和出点后，可以在输出序列时，只输出入点和出点之间的视频。选择"文件"|"导出"|"媒体"命令，打开"导出设置"对话框，在"源范围"下拉列表框中可以选择"序列切入/序列切出"选项作为输出序列的范围，如图6-66所示。

图6-66 设置输出范围

6.4 主素材和子素材

如果正在处理一个较长的视频项目，有效地组织视频和音频素材则有助于确保工作效率，Premiere可以在主素材中创建子素材，从而对主素材进行细分管理。

6.4.1 认识主素材和子素材

子素材是父级主素材的子对象，它们可以同时用在一个项目中，子素材与主素材同原始影片之间的关系如下。

- 主素材：当首次导入素材时，它会作为"项目"面板中的主素材。可以在"项目"面板中重命名和删除主素材，而不会影响原始的硬盘文件。
- 子素材：子素材是主素材的一个更短的、经过编辑的版本，但又独立于主素材。可以将一个主素材分解为多个子素材，并在"项目"面板中快速访问它们。如果从项目中删除主素材，它的子素材仍会保留在项目中。

在对主素材和子素材进行脱机和联机等操作时，将出现如下几种情况。

- 如果使一个主素材脱机，或者从"项目"面板中将其删除，那么并未从磁盘中将素材文件删除，子素材和子素材实例仍然是联机的。
- 如果使一个素材脱机并从磁盘中删除素材文件，那么子素材及其主素材将会脱机。
- 如果从项目中删除子素材，那么不会影响主素材。
- 如果使一个子素材脱机，那么它在时间轴序列中的实例也会脱机，但是其副本将会保持联机状态，基于主素材的其他子素材也会保持联机状态。
- 如果重新采集一个子素材，那么它会变为主素材。子素材在序列中的实例会被链接到新的子素材电影胶片，它们不再被链接到旧的子素材上。

6.4.2 创建和编辑子素材

编辑素材时，在时间轴中处理较短的素材比处理较长的素材效率更高。在 Premiere Pro 2021 中创建和编辑子素材的方法如下。

【练习 6-14】创建和编辑子素材

01 新建一个项目，在"项目"面板中导入一个素材（即主素材），如图 6-67 所示。

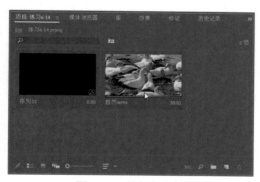

图 6-67　导入主素材

02 双击主素材文件，在"源监视器"面板中打开该素材，如图 6-68 所示。

图 6-68　在"源监视器"面板中打开主素材

03 将"源监视器"面板的当前时间指示器移到所期望的入点的时间位置（如第 10 秒），然后单击"标记入点"按钮，添加一个入点标记，如图 6-69 所示。

图 6-69　为主素材设置入点

04 将当前时间指示器移到所期望的出点的时间位置（如第 24 秒 29），然后单击"标记出点"按钮，添加一个出点标记，如图 6-70 所示。

图 6-70　为主素材设置出点

05 选择"剪辑"|"制作子剪辑"命令,打开"制作子剪辑"对话框,为子素材输入一个名称,如图 6-71 所示。

图 6-71　输入子素材的名称

06 在"制作子剪辑"对话框中单击"确定"按钮,即可在"项目"面板中创建一个子素材,该子素材的持续时间为 15 秒,如图 6-72 所示。

图 6-72　创建子素材

07 选择所创建的子素材,然后选择"剪辑"|"编辑子剪辑"命令,打开"编辑子剪辑"对话框,重新设置素材的开始时间(即入点)和结束时间(即出

点),如图 6-73 所示。

图 6-73　重新设置素材的入点和出点

08 在"编辑子剪辑"对话框中单击"确定"按钮,完成对子素材入点和出点的编辑,在"项目"面板中将显示编辑后的开始点(即入点)和结束点(即出点),如图 6-74 所示。

图 6-74　显示编辑后的入点和出点

6.4.3　将子素材转换为主素材

在创建好子素材后,还可以将子素材转换为主素材。选择"剪辑"|"编辑子剪辑"命令,在弹出的"编辑子剪辑"对话框中选中"转换到源剪辑"复选框,如图 6-75 所示,然后单击"确定"按钮,即可将子素材转换为主素材,其在"项目"面板中的图标将变为主素材图标,如图 6-76 所示。

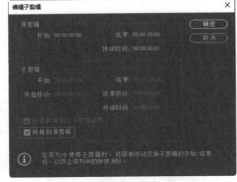

图 6-75　选中"转换到源剪辑"复选框

图 6-76　转换子素材为主素材

6.5　嵌套序列

在"时间轴"面板中放置两个序列之后，可以将一个序列复制到另一个序列中，或者编辑一个序列并将其嵌套到另一个序列中。

【练习 6-15】创建嵌套序列

01 新建一个项目文件，在"项目"面板中导入素材，如图 6-77 所示。

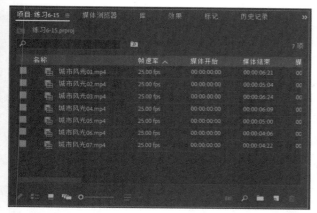

图 6-77　导入素材

02 选择"文件"|"新建"|"序列"命令，新建一个名为"城市风光 01"的序列，在视频 1 轨道中添加 3 个素材，如图 6-78 所示。

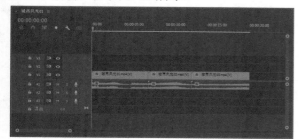

图 6-78　在视频轨道中添加素材

03 选择"文件"|"新建"|"序列"命令，新建一个名为"城市风光 02"的序列，在视频 1 轨道中添加另外 4 个素材，如图 6-79 所示。

04 将"项目"面板中的"城市风光 01"序列以素材的形式拖入"城市风光 02"序列的视频轨道 2 中，即可将"城市风光 01"序列嵌套在"城市风光 02"序列中，如图 6-80 所示。

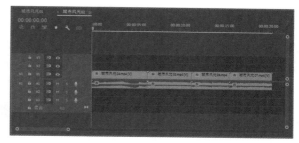

图 6-79　添加影片素材

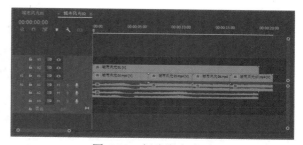

图 6-80　创建嵌套序列

05 选择嵌套在"城市风光 02"序列中的序列，然后选择"剪辑"|"嵌套"命令，打开"嵌套序列名称"对话框，为嵌套序列命名，如图 6-81 所示。单击"确定"按钮，即可完成对嵌套序列的重命名，如图 6-82 所示。

图 6-81　为嵌套序列命名

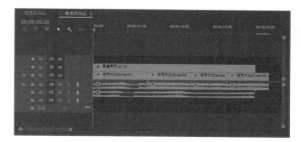

图 6-82　重命名后的嵌套序列

提示

　　嵌套的优点是：将其在"时间轴"面板中嵌套多次，就可以重复使用编辑过的序列。每次将一个序列嵌套到另一个序列中时，可以对其进行修整并更改该序列的切换效果。当将一个效果应用到嵌套序列时，Premiere 会将该效果应用到序列中的所有素材中，这样就能够方便地将同一效果应用到多个素材中。

6.6 多机位序列

　　Premiere 软件中提供的多机位序列编辑功能，可以最多同时编辑 4 部摄像机所拍摄的内容。完成一次多机位编辑后，还可以返回到这个序列，并且很容易就能够将一个机位拍摄的影片替换成另一个机位拍摄的影片。

　　将影片导入 Premiere 后，就可以进行一次多机位编辑。Premiere 可以创建最多源自 4 个视频源的多机位素材。

【练习 6-16】创建多机位序列

01 新建一个项目，然后选择"文件"|"新建"|"序列"命令，在"新建序列"对话框中设置视频轨道数为 4，如图 6-83 所示。

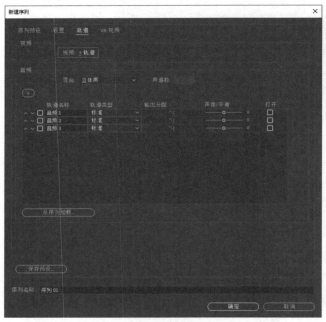

图 6-83　设置视频轨道数为 4

02 在"项目"面板中导入 4 个素材，然后将各素材分别添加到"时间轴"面板中不同的视频轨道中，如图 6-84 所示。

03 选中视频轨道中的 4 个素材，然后选择"剪辑"|"同步"命令，打开"同步剪辑"对话框，设置同步点并单击"确定"按钮，如图 6-85 所示。

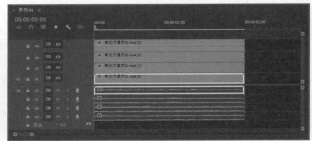

图 6-84　将素材添加到视频轨道中

图 6-85　"同步剪辑"对话框

04 选择"文件"|"新建"|"序列"命令，创建一个作为目标序列的新序列(用于记录最终编辑结果)，然后将带有同步视频的源序列从"项目"面板拖到目标序列的一个轨道中，从而将源序列嵌入到目标序列中，如图 6-86 所示。

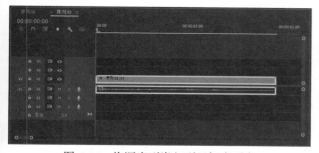

图 6-86　将源序列嵌入到目标序列中

"同步剪辑"对话框中各选项的作用如下。

- 剪辑开始：选择该选项，可以同步素材的入点。
- 剪辑结束：选择该选项，可以同步素材的出点。
- 时间码：在时间码读数中单击并拖动，或者通过键盘输入一个时间码。如果想要进行同步，只使用分、秒和帧就可以了，保持"忽略小时"复选框为选中状态。
- 剪辑标记：选择该选项，可以同步选中的素材标记。
- 音频：用于设置音频轨道的声道。

05 单击嵌入的序列将其选中，然后选择"剪辑"|"多机位"|"启用"命令，即可激活多机位编辑功能。

06 在"节目监视器"面板中右击，在弹出的快捷

菜单中选择"显示模式"|"多机位"命令，如图 6-87 所示，即可显示多机位效果，如图 6-88 所示。

图 6-87　选择命令

图 6-88　多机位效果

注意

只有在"时间轴"面板中选中了嵌入的序列，才能执行"剪辑"|"多机位"|"启用"命令。

6.7　本章小结

本章介绍了 Premiere Pro 2021 中比较复杂的编辑操作，读者需要重点掌握编辑工具的运用、在"时间轴"面板中编辑素材的操作、在"时间轴"面板中设置素材的入点和出点，以及认识和应用主素材和子素材、嵌套序列、多机位序列等内容。

6.8　思考与练习

1. 使用_____编辑工具可以编辑一个素材的入点和出点，而不影响相邻的素材。
2. 使用_____工具单击素材会将素材分为两段，每段素材将产生新的入点和出点。
3. 如何使用其他素材覆盖已经添加到序列轨道中的素材？

4. 如何在序列轨道中将一个素材或一组选中的素材拖到新位置，同时移除原素材位置的间隙？

5. 如何删除"时间轴"面板中素材间留有的间隙？

6. 如何将子素材转换为主素材？

7. 如何创建嵌套序列？嵌套的优点是什么？

8. 多机位序列可以最多同时编辑多少部摄像机所拍摄的内容？

第7章 关键帧动画

在 Premiere 中可以对素材进行缩放、旋转和移动操作。通过设置"运动"控件关键帧，制作随着时间变化而形成运动的视频动画效果，可以使原本枯燥乏味的图像活灵活现起来。本章将介绍视频运动效果的编辑操作，包括对视频运动参数的介绍、关键帧的添加与设置、运动效果的应用等。

本章重点

- 在"时间轴"面板中设置关键帧
- 在"效果控件"面板中设置关键帧
- 创建关键帧动画

二维码教学视频

【练习 7-1】飘落的羽毛
【练习 7-2】发散的光波
【练习 7-3】随风舞动的羽毛
【练习 7-4】调整羽毛的飘动线路

7.1　关键帧动画基础

要在 Premiere 中设置运动效果，离不开关键帧的设置。在设置运动效果之前，首先应了解一下关键帧动画。

7.1.1　认识关键帧动画

帧是动画中最小单位的单幅影像画面，相当于电影胶片上的每一格镜头。在动画软件的时间轴上，帧表现为一格或一个标记。关键帧相当于二维动画中的原画，指角色或物体在运动或变化中的关键动作所处的那一帧。关键帧与关键帧之间的动画可以由软件来创建，叫作过渡帧或中间帧。

所谓关键帧动画，就是给需要动画效果的属性，准备一组与时间相关的值，这些值都是在动画序列中比较关键的帧中提取出来的；而其他时间帧中的值，可以用这些关键值，采用特定的插值方法计算得到，从而达到比较流畅的动画效果。任何动画要表现运动或变化，至少前后要给出两个不同的关键状态，而中间状态的变化和衔接，可以由计算机自动完成，表示关键状态的帧动画叫作关键帧动画。

使用关键帧可以创建动画、效果和音频属性，以及其他一些随时间变化而变化的属性。关键帧标记指示设置属性的位置，如空间位置、不透明度或音频的音量。关键帧之间的属性数值会被自动计算出来。当使用关键帧创建随时间而产生变化的动画时，至少需要两个关键帧，一个处于变化的起始位置的状态，而另一个处于变化的结束位置的新状态。使用多个关键帧时，可以通过复制关键帧属性进行变化效果的复制。

7.1.2　关键帧的设置原则

使用关键帧创建动画时，可以在"效果控件"面板或"时间轴"面板中查看并编辑关键帧。有时，使用"时间轴"面板设置关键帧，可以更直观、更方便地对动画进行调节。在设置关键帧时，遵守以下原则可以提高工作效率。

(1) 在"时间轴"面板中编辑关键帧，适用于只具有一维数值参数的属性，如不透明度、音频音量。"效果控件"面板则更适合于二维或多维数值参数的设置，如位置、缩放或旋转等。

(2) 在"时间轴"面板中，关键帧数值的变换，会以图像的形式进行展现。因此，可以直观地分析数值随时间变换的趋势。

(3) "效果控件"面板可以一次性显示多个属性的关键帧，但只能显示所选的素材片段；而"时间轴"面板可以一次性显示多个轨道中多个素材的关键帧，但每个轨道或素材仅显示一种属性。

(4) "效果控件"面板也可以像"时间轴"面板一样，以图像的形式显示关键帧。一旦某个效果属性的关键帧功能被激活，便可以显示其数值及速率图。

(5) 音频轨道效果的关键帧可以在"时间轴"面板或"音频混合器"面板中进行调节。

7.2　在"时间轴"面板中设置关键帧

在"时间轴"面板中编辑视频效果时，通常需要添加和设置关键帧，从而得到不同的视频效果。本节就介绍一下在"时间轴"面板中设置关键帧的方法。

7.2.1　显示关键帧控件

在早期的 Premiere 版本中，可以通过"时间轴"面板中的"折叠-展开轨道"按钮来控制关键帧控件的显示，但在 Premiere Pro 2021 版本中，"时间轴"面板中已经没有"折叠 - 展开轨道"按钮了，但用户可以通过拖动轨道上方的边界来折叠或展开关键帧控件区域，如图 7-1 所示。

7.2.2 设置关键帧类型

在"时间轴"面板中右击素材图标中的 ![fx] 按钮，在弹出的快捷菜单中可以选择关键帧的类型，包括运动、不透明度和时间重映射，如图 7-2 所示。

图 7-1　显示关键帧控件　　　　　　　　　图 7-2　设置关键帧类型

7.2.3 添加和删除关键帧

在轨道关键帧控件区域单击"添加 - 移除关键帧"按钮◇，可以在轨道的效果图形线中添加或删除关键帧。

- 选择要添加关键帧的素材，然后将当前时间指示器移到想要关键帧出现的位置，单击"添加 - 移除关键帧"按钮◇即可添加关键帧，如图 7-3 所示。
- 选择要删除关键帧的素材，然后将当前时间指示器移到要删除的关键帧处，单击"添加 - 移除关键帧"按钮◇即可删除关键帧。
- 单击"转到上一关键帧"按钮◀，可以将时间指示器移到上一个关键帧的位置。
- 单击"转到下一关键帧"按钮▶，可以将时间指示器移到下一个关键帧的位置。

7.2.4 移动关键帧

在轨道的效果图形线中选择关键帧，然后直接拖动关键帧，可以移动关键帧的位置。通过移动关键帧，可以修改关键帧所处的时间位置，还可以修改素材对应的效果。例如，设置关键帧的类型为"缩放"，调整关键帧时，可以修改素材的缩放大小。

> **注意**
>
> 音频轨道同视频轨道一样，拖动轨道边缘，或在轨道中滑动鼠标中键，即可展开关键帧控制面板，在此可以设置整个轨道的关键帧以及音量，如图 7-4 所示。如果选择显示素材或整个轨道的音量设置，则在创建关键帧的音频特效之后，特效名称将出现在"时间轴"面板中的音频特效图形线中的一个下拉列表中。在此下拉列表中选择该特效之后，可以单击或拖动其在"时间轴"面板中的关键帧以对其进行调整。

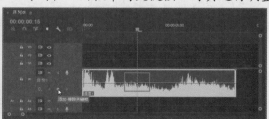

图 7-3　添加轨道关键帧　　　　　　　　　图 7-4　设置音频关键帧

7.3 在"效果控件"面板中设置关键帧

在 Premiere 中，由于运动效果的关键帧属性具有二维数值，因此素材的运动效果需要在"效果控件"面板中进行设置。

7.3.1 视频运动参数详解

在"效果控件"面板中单击"运动"选项组旁边的三角形按钮，展开"运动"控件，其中包含了位置、缩放、缩放宽度、旋转、锚点和防闪烁滤镜等参数，如图 7-5 所示。

图 7-5　"运动"效果控件的参数

单击各选项前的三角形按钮，将展开该选项的具体参数，拖动各选项中的滑块可以进行参数的设置，如图 7-6 所示。在每个控件对应的参数上单击鼠标，可以输入新的数值对参数进行修改，也可以在参数值上按下鼠标左键并左右拖动来修改参数，如图 7-7 所示。

图 7-6　拖动滑块可设置参数

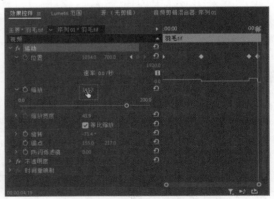

图 7-7　拖动数值可修改参数

1. 位置

该参数用于设置素材相对于整个屏幕所在的坐标。当项目的视频帧尺寸为 720×576 而当前的位置参数为 360×288 时，编辑的视频中心正好对齐节目窗口的中心。在 Premiere Pro 2021 的坐标系中，左上角是坐

标原点位置 (0, 0)，横轴和纵轴的正方向分别向右和向下设置，右下角是离坐标原点最远的位置，坐标为 (720, 576)。所以，增加横轴和纵轴坐标值时，视频片段素材将对应向右和向下运动。

　　单击"效果控件"面板中的"运动"选项，使其变为灰色，这样就会在"节目监视器"面板中出现运动的控制点，这时就可以选择并拖动素材，改变素材的位置，如图 7-8 所示。

图 7-8　改变素材的位置

2. 缩放

　　该参数用于设置素材的尺寸百分比。当其下方的"等比缩放"复选框未被选中时，"缩放"用于调整素材的高度；同时其下方的"缩放宽度"选项呈可选状态，此时可以仅改变对象的高度或宽度。当"等比缩放"复选框被选中时，对象只能按照比例进行缩放变化。

3. 旋转

　　该参数用于调整素材的旋转角度。当旋转角度小于 360°时，参数设置只有一个，如图 7-9 所示。当旋转角度超过 360°时，属性变为两个参数：第一个参数指定旋转的周数，第二个参数指定旋转的角度，如图 7-10 所示。

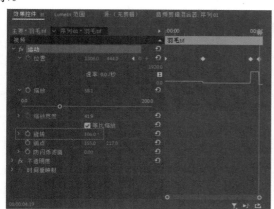

图 7-9　旋转角度小于 360°时参数的设置

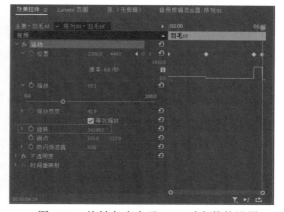

图 7-10　旋转角度大于 360°时参数的设置

4. 锚点

　　默认状态下，锚点 (即定位点) 位于素材的中心点。调整锚点参数可以使锚点远离视频中心，将锚点调整到视频画面的其他位置，有利于创建特殊的旋转效果，如图 7-11 所示。

图 7-11　调整锚点的位置

5. 防闪烁滤镜

通过将防闪烁滤镜关键帧设置为不同的值，可以更改防闪烁滤镜在剪辑持续时间内变化的强度。单击"防闪烁滤镜"选项旁边的三角形，展开该控件参数，向右拖动"防闪烁滤镜"滑块，可以增加滤镜的强度。

7.3.2　关键帧的添加与设置

默认情况下，对视频运动参数的修改是整体调整，Premiere 不记录关键帧。在 Premiere 中进行的视频运动设置，建立在关键帧的基础上。在设置关键帧时，可以分别对位置、缩放、旋转、锚点等视频运动方式进行设置。

1. 开启动画记录

如果要保存某种运动方式的动画记录，需要单击该运动方式前面的"切换动画"开关按钮，这样才能将此方式下的参数变化记录成关键帧。例如，单击"位置"前面的"切换动画"开关按钮，如图 7-12 所示，将开启并保存当前时间位置运动方式的动画记录，并在当前时间位置添加一个关键帧，如图 7-13 所示。

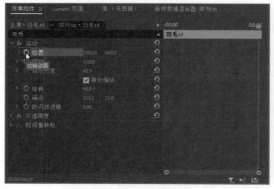

图 7-12　单击"切换动画"开关按钮

图 7-13　开启动画记录并在当前时间位置添加关键帧

> **注意**
>
> 开启动画记录后，再次单击"切换动画"开关按钮，将删除此运动方式下的所有关键帧。单击"效果控件"面板中"运动"选项右边的"重置"按钮，将清除素材片段上施加的所有运动效果，还原到初始状态。

2. 添加关键帧

视频素材要产生运动效果,需要在素材片段上添加两个或两个以上关键帧。用户可以通过"时间轴"面板或"效果控件"面板两种方式来添加关键帧。

- 通过"时间轴"面板可以在素材中快速添加或删除关键帧,并可以控制关键帧在"时间轴"面板中是否可见。若要使用该方式添加关键帧,需要通过拖动素材所在轨道上方的控制区边界来展开关键帧控件区域,然后在"时间轴"面板中选择要添加关键帧的素材片段,并将当前的时间轴编辑点拖到要添加关键帧的位置,单击"添加 - 移除关键帧"按钮 ◯,即可添加关键帧,如图 7-14 所示。
- 在"效果控件"面板中,不仅可以添加或删除关键帧,还可以通过对关键帧各项参数的设置来实现素材的运动效果,如图 7-15 所示。

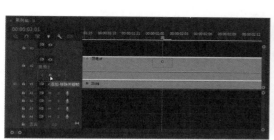

图 7-14 添加关键帧

图 7-15 设置关键帧

3. 选择关键帧

编辑素材的关键帧时,首先需要选中关键帧,然后才能对关键帧进行相关的操作。用户可以直接单击关键帧将其选中,也可以通过"效果控件"面板中的"转到上一关键帧"按钮 ◼ 和"转到下一关键帧"按钮 ◼ 来选择关键帧。

> **提示**
>
> 在视频编辑中,有时需要选择多个关键帧进行统一编辑。要在"效果控件"面板中选择多个关键帧,可以按住 Ctrl 或 Shift 键,依次单击要选择的各个关键帧。或是通过按住并拖动鼠标的方式来选择多个关键帧。

4. 移动关键帧

为素材添加关键帧后,如果需要将关键帧移到其他位置,只需选择要移动的关键帧,单击并拖动至合适的位置,然后释放鼠标即可。

5. 复制与粘贴关键帧

若要将某个关键帧复制到其他位置,可以在"效果控件"面板中右击要复制的关键帧,从弹出的快捷菜单中选择"复制"命令,然后将时间轴移到新位置,再右击鼠标,从弹出的快捷菜单中选择"粘贴"命令,即可完成关键帧的复制与粘贴操作。

6. 删除关键帧

选中要删除的关键帧,按 Delete 键即可将其删除,或者在选中的关键帧上右击鼠标,然后从弹出的快捷菜单中选择"清除"命令，即可将所选关键帧删除；也可以在"效果控件"面板中单击"添加/移除关键帧"按钮删除所选关键帧。

7. 关键帧插值

　　默认状态下，Premiere 中关键帧之间的变化为线性变化，如图 7-16 所示。除了线性变化外，Premiere Pro 2021 还提供了贝塞尔曲线、自动贝塞尔曲线、连续贝塞尔曲线、定格、缓入和缓出等多种变化方式。在关键帧上右击，即可弹出关键帧的控制菜单命令，如图 7-17 所示。

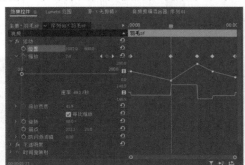

图 7-16　关键帧之间的变化为线性变化　　　　　图 7-17　关键帧的控制菜单命令

- 线性：在两个关键帧之间实现恒定速度的变化。
- 贝塞尔曲线：可以手动调整关键帧图像的形状，从而创建平滑的变化。
- 自动贝塞尔曲线：自动创建平稳速度的变化。
- 连续贝塞尔曲线：可以手动调整关键帧图像的形状，从而创建平滑的变化。连续贝塞尔曲线与贝塞尔曲线的区别在于前者的两个调节手柄始终在一条直线上，调节一个手柄时，另一个手柄将发生相应的变化；后者是两个独立的调节手柄，可以单独调节其中一个手柄。两者的手柄示意图分别如图 7-18 和图 7-19 所示。
- 定格：不会逐渐地改变属性值，会使效果发生快速变化。
- 缓入：减慢属性值的变化，逐渐过渡到下一个关键帧。
- 缓出：加快属性值的变化，逐渐离开上一个关键帧。

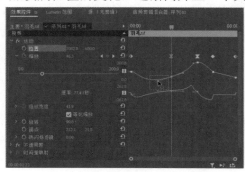
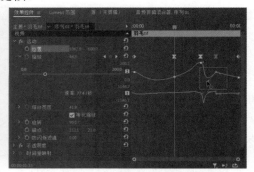

图 7-18　连续贝塞尔曲线的手柄　　　　　　　图 7-19　贝塞尔曲线的手柄

 注意

　　选择了关键帧的曲线变化方式后，可以利用钢笔工具来调整曲线的手柄，从而调整曲线的形状。使用"效果控件"面板中的速度曲线可以调整效果变化的速度，通过调整速度曲线可以模拟真实世界中物体的运动效果。

7.4 创建关键帧动画

在 Premiere 中，可以控制的运动效果包括位置、缩放和旋转等。要在 Premiere 中创建运动效果，首先需要创建一个项目，并在"时间轴"面板中选中素材，然后可以使用"运动"效果控件调整素材。

7.4.1 创建位移动画

位移动画是对视频素材在节目窗口中进行移动，是视频编辑过程中经常使用的一种运动效果，该动画效果可以通过调整效果控件中的位置参数来实现。

【练习 7-1】飘落的羽毛

01 新建一个项目和一个序列，然后将"风景.jpg"和"羽毛.tif"素材导入"项目"面板中，如图 7-20 所示。

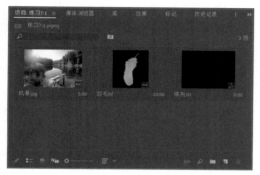

图 7-20 导入素材

02 将素材"风景.jpg"添加到"时间轴"面板的视频 1 轨道中，将素材"羽毛.tif"添加到"时间轴"面板的视频 2 轨道中，如图 7-21 所示。

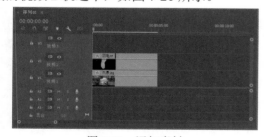

图 7-21 添加素材

03 在"时间轴"面板中选中两个视频轨道中的素材，然后选择"剪辑"|"速度/持续时间"命令，在打开的"剪辑速度/持续时间"对话框中设置两个素材的持续时间为 10 秒，如图 7-22 所示。

04 修改素材的持续时间后，在视频轨道中的显示效果如图 7-23 所示。

图 7-22 设置素材的持续时间

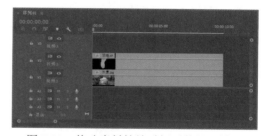

图 7-23 修改素材持续时间后的显示效果

05 选择视频 2 轨道中的"羽毛.tif"素材，并将时间轴移到素材的入点位置。在"效果控件"面板中单击"位置"选项前面的"切换动画"开关按钮，启用动画功能，并自动添加一个关键帧。然后将位置的坐标设置为 (360, 120)，如图 7-24 所示，使羽毛处于视频画面的上方，如图 7-25 所示。

图 7-24 设置羽毛的坐标

图 7-25　设置羽毛所在的位置

06 将时间指示器移到第 2 秒 24 帧的位置，单击"位置"选项后面的"添加/移除关键帧"按钮 ◈，在此处添加一个关键帧。然后将"位置"的坐标值改为 (310, 280)，如图 7-26 所示。

图 7-26　添加并设置关键帧

07 单击"效果控件"面板中的"运动"选项，可以在"节目监视器"中显示羽毛的运动路径，如图 7-27 所示。

图 7-27　显示羽毛的运动路径

08 将时间指示器移到第 5 秒 24 帧的位置，单击"位置"选项后面的"添加/移除关键帧"按钮 ◈，在此处添加一个关键帧。然后将"位置"的坐标值改为 (545, 170)，如图 7-28 所示。在"节目监视器"中显示羽毛的运动路径，如图 7-29 所示。

图 7-28　添加并设置关键帧

图 7-29　显示羽毛的运动路径

09 将时间指示器移到第 9 秒 24 帧的位置，单击"位置"选项后面的"添加/移除关键帧"按钮 ◈，在此处添加一个关键帧。然后将"位置"的坐标值改为 (450, 550)，如图 7-30 所示。在"节目监视器"中显示羽毛的运动路径，如图 7-31 所示。

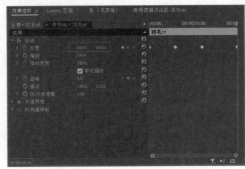

图 7-30　添加并设置关键帧

图 7-31 显示羽毛的运动路径

10 单击"节目监视器"面板中的"播放 - 停止切换"按钮 ▶，可以预览羽毛飘动的效果，如图 7-32 所示。

图 7-32 预览羽毛飘动的效果

7.4.2 创建缩放动画

　　视频编辑中的缩放动画可以作为视频的出场效果，也可以作为视频素材中局部内容的特写效果，这是视频编辑常用的运动效果之一。

【练习 7-2】发散的光波

01 新建一个项目文件和一个序列，然后将素材导入"项目"面板中，如图 7-33 所示。

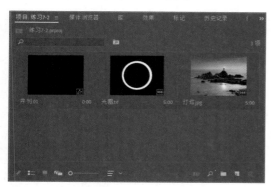

图 7-33 导入素材

02 将"项目"面板中的素材分别添加到"时间轴"面板中的视频 1 和视频 2 轨道中，如图 7-34 所示。

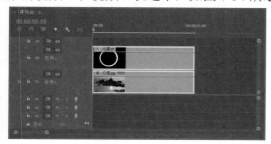

图 7-34 添加素材

03 在"时间轴"面板中选中两个视频轨道中的素材，然后选择"剪辑"|"速度 / 持续时间"命令，在打开的"剪辑速度 / 持续时间"对话框中设置两个素材的持续时间为 6 秒，如图 7-35 所示。

图 7-35 设置素材的持续时间

04 修改素材的持续时间后，在视频轨道中的显示效果如图 7-36 所示。

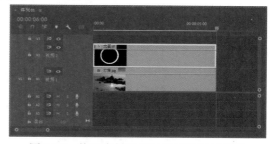

图 7-36 修改素材持续时间后的显示效果

05 在"时间轴"面板中选择"光圈 .tif"素材。然后在"效果控件"面板中单击"运动"选项组前面的三角形按钮，展开"运动"选项组，将"位置"的坐标值改为 (427, 167)，如图 7-37 所示。在"节目监视器"面板中对图像进行预览，效果如图 7-38 所示。

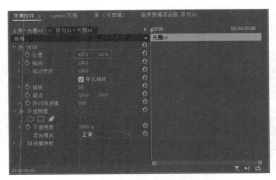

图 7-37 修改位置的坐标值

图 7-38 图像预览效果

06 当时间指示器处于第 0 秒的位置时，单击"缩放"和"不透明度"选项前面的"切换动画"开关按钮，在此处为各选项添加一个关键帧，并将"缩放"值改为 5，将"不透明度"值改为 0，如图 7-39 所示。在"节目监视器"面板中对图像进行预览，效果如图 7-40 所示。

图 7-39 修改"缩放"和"不透明度"值

07 将时间指示器移到第 1 秒的位置，单击"缩放"和"不透明度"选项后面的"添加 / 移除关键帧"按钮，为各选项添加一个关键帧。然后将"缩放"值改为 20，将"不透明度"值改为 100%，如图 7-41 所示。

图 7-40 图像预览效果

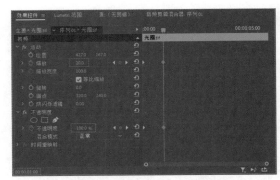

图 7-41 修改"缩放"和"不透明度"值

08 将时间指示器移到第 2 秒 20 帧的位置，单击"缩放"和"不透明度"选项后面的"添加 / 移除关键帧"按钮，为各选项添加一个关键帧。然后将"缩放"值改为 100，将"不透明度"值改为 0，如图 7-42 所示。

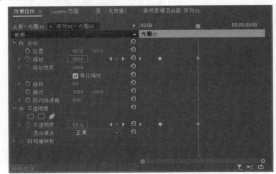

图 7-42 继续修改"缩放"和"不透明度"值

09 通过按住鼠标左键并拖动鼠标的方式，在"时间轴"面板中框选创建的所有关键帧，如图 7-43 所示。
10 在"效果控件"面板中选中关键帧后，在任意关键帧对象上单击鼠标右键，在弹出的快捷菜单中选择"复制"命令，如图 7-44 所示。

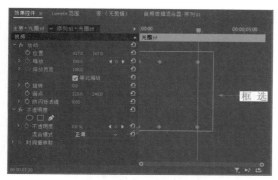

图 7-43　框选创建的所有关键帧

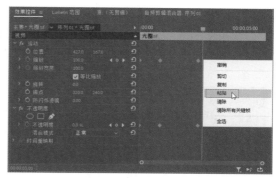

图 7-45　选择"粘贴"命令

图 7-44　选择"复制"命令

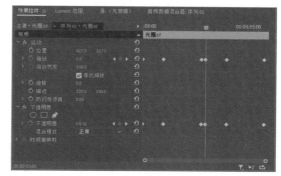

图 7-46　复制并粘贴关键帧后的效果

11 将时间指示器移到第 3 秒的位置，然后单击鼠标右键，在弹出的快捷菜单中选择"粘贴"命令，如图 7-45 所示。对关键帧进行复制和粘贴后的效果如图 7-46 所示。

12 单击"节目监视器"面板下方的播放按钮 ▶，对影片进行预览，可以看到灯圈的缩放效果，如图 7-47 所示。

图 7-47　预览灯圈的缩放运动效果

7.4.3　创建旋转动画

旋转动画能增加视频的旋转动感，适用于视频或字幕的旋转。在设置旋转的过程中，若将素材的锚点设置在不同的位置，其旋转的轴心也会不同。

【练习 7-3】随风舞动的羽毛

01 打开前面【练习 7-1】中制作的项目文件，然后对其进行另存。

02 当时间指示器处于第 0 秒时，在"效果控件"面板中单击"旋转"选项前面的"切换动画"开关按钮 ◉，在此处添加一个关键帧，并保持"旋转"值不变，如图 7-48 所示。

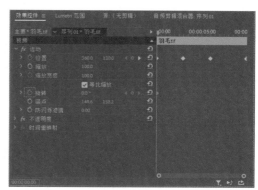

图 7-48　添加一个关键帧

107

03 将时间指示器移到第 1 秒 24 帧的位置，单击"旋转"选项后面的"添加/移除关键帧"按钮 ⬤，在此处添加一个关键帧，并将"旋转"值修改为 120，如图 7-49 所示。

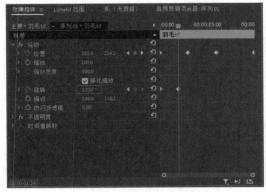

图 7-49　添加并设置关键帧

04 将时间指示器移到第 2 秒 24 帧的位置，单击"旋转"选项后面的"添加/移除关键帧"按钮 ◆，在此处添加一个关键帧，并将"旋转"值修改为 150，如图 7-50 所示。

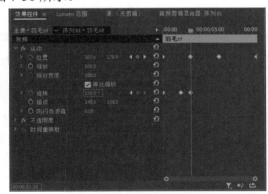

图 7-50　添加并设置关键帧

05 在"效果控件"面板中选择所创建的 3 个旋转关键帧，然后单击右键，在弹出的快捷菜单中选择"复制"命令，如图 7-51 所示。

06 将时间指示器移到第 4 秒的位置，然后单击鼠标右键，在弹出的快捷菜单中选择"粘贴"命令，如图 7-52 所示。

07 将时间指示器移到第 8 秒的位置，继续单击鼠标右键，在弹出的快捷菜单中选择"粘贴"命令，如图 7-53 所示，对关键帧进行粘贴。

08 单击"节目监视器"面板下方的播放按钮 ▶，对影片进行预览，可以看到羽毛在飘动过程中产生

了旋转的效果，如图 7-54 所示。

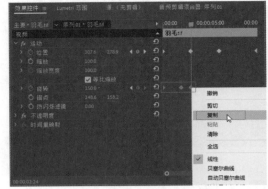

图 7-51　选择"复制"命令

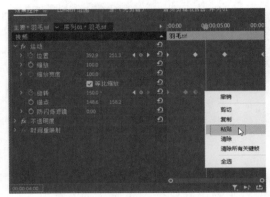

图 7-52　选择"粘贴"命令

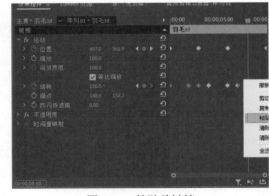

图 7-53　粘贴关键帧

图 7-54　影片预览效果

7.4.4　平滑运动效果

在 Premiere 中不仅可以为素材添加运动效果，还可以使素材沿着指定的路线进行运动。为素材添加运动效果后，默认状态下，素材是以直线状态进行运动的。要改变素材的运动状态，可以在"效果控件"面板中对关键帧的属性进行修改。

【练习 7-4】调整羽毛的飘动线路

01 打开前面【练习 7-3】中制作的项目文件，然后对其进行另存。

02 在"效果控件"面板中右击"位置"选项中的第一个关键帧，在弹出的快捷菜单中选择"空间插值"|"贝塞尔曲线"命令，如图 7-55 所示。

图 7-55　选择"贝塞尔曲线"命令

03 在"效果控件"面板中单击"运动"选项，然后在"节目监视器"面板中单击羽毛将其选中，再拖动路径节点的贝塞尔曲线手柄，调节路径的平滑度，如图 7-56 所示。

图 7-56　拖动贝塞尔曲线手柄调节路径的平滑度

04 选中"位置"选项中的后面三个关键帧，然后在关键帧上单击鼠标右键，在弹出的快捷菜单中选择"空间插值"|"连续贝塞尔曲线"命令，如图 7-57 所示。

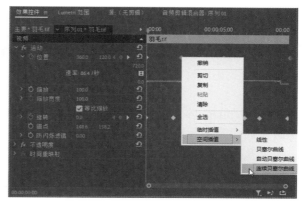

图 7-57　选择"连续贝塞尔曲线"命令

05 在"节目监视器"面板中拖动路径中其他节点的连续贝塞尔曲线手柄，调节路径的平滑度，如图 7-58 所示。

图 7-58　拖动连续贝塞尔曲线手柄调节路径的平滑度

06 单击"节目监视器"面板中的"播放-停止切换"按钮，可以预览羽毛飘动的路径为曲线形状，如图 7-59 所示。

图 7-59　预览羽毛飘动效果

7.5　本章小结

本章介绍了 Premiere Pro 2021 运动效果的编辑操作，读者需要了解关键帧动画和关键帧的设置原则，重点掌握视频运动参数的作用、关键帧的添加与设置方法，以及运动效果的具体应用等内容。

7.6　思考与练习

1. 移动效果能够实现视频素材在节目窗口中的移动，该效果可以通过调整效果控件中的_____参数来实现。

2. 在 Premiere Pro 2021 的运动效果中，_____参数用于设置素材的尺寸百分比。

3. 旋转参数用于调整素材的_____。

4. 当旋转角度小于_____时，旋转参数设置只有一个。当旋转角度超过_____时，属性变为两个参数：第一个参数指定旋转的_____，第二个参数指定旋转的_____。

5. 在"运动"选项组中，_____控制素材的中心点所在的坐标。

6. 在设置旋转的过程中，若将素材的_____设置在不同的位置，其旋转的轴心也会不同。

7. 选中要删除的关键帧，按_____键即可将其删除。

8. 默认状态下，Premiere 中关键帧之间的变化为_____。

9. 在视频编辑中，关键帧动画是什么？

10. 为了提高视频编辑效率，设置关键帧一般应遵循什么原则？

11. Premiere Pro 2021 的关键帧插值提供了哪些变化方式？

12. 新建一个项目文件和一个序列，在"项目"面板中导入"夜景 .jpg"和"战机 .png"素材，并将"夜景 .jpg"素材添加到"时间轴"面板的视频 1 轨道中，将"战机 .png"素材添加到"时间轴"面板的视频 2 轨道中，然后在"效果控件"面板中添加战机的关键帧，并设置位置、缩放和旋转参数，如图 7-60 所示。播放编辑好的视频节目，效果如图 7-61 所示。

图 7-60　设置关键帧

图 7-61　影片预览效果

第 8 章 视频切换

将视频作品中的一个场景过渡到另一个场景就是一次极好的视频切换。但是，如果想对切换的时间进行推移，或者想创建从一个场景逐渐切入另一个场景的效果，只是对素材进行简单的剪切是不够的，这需要使用过渡效果，将一个素材逐渐淡入另一个素材中。Premiere 的视频过渡效果正好能够满足这种要求。本章将介绍 Premiere 视频切换的相关知识与应用，包括视频切换概述、应用视频过渡效果、各类视频过渡效果详解和自定义视频过渡效果。

本章重点

- 应用视频过渡效果
- 自定义视频过渡效果
- Premiere 过渡效果详解

二维码教学视频

【练习 8-1】在素材间添加过渡效果
【练习 8-2】对所有素材应用默认过渡效果
【练习 8-3】制作逐渐显示的字幕
【练习 8-4】制作文字书写效果

8.1 视频切换概述

视频切换 (也称视频过渡或视频转场) 是指编辑电视节目或影视媒体时，在不同的镜头间加入过渡效果。视频过渡效果被广泛应用于影视媒体创作中，是一种比较常见的技术手段。在制作影视作品时，应适度把握场景过渡效果的应用，切不可无谓地滥用场景过渡，以免造成冲淡主题的后果。

8.1.1 场景切换的依据

一组镜头一般是在同一时空中完成的，因此时间和地点就是场景切换的很好依据。当然，有时候在同一时空中也可能有好几组镜头，也就有好几个场面，而情节段落则是按情节发展结构的起承转合等内在节奏来过渡的。

1. 时间的转换

影视节目中的拍摄场面，如果在时间上发生转移，有明显的省略或中断，就可以依据时间的中断来划分场面。在镜头语言的叙述中，时间的转换一般是很快的，这期间转换的时间中断处，就可以是场面的转换处。

2. 空间的转换

在叙事场景中，经常要进行空间转换，一般每组镜头段落都是在不同的空间里拍摄的，如脚本里的内景、外景、居室、沙滩等，故事片中的布景也随场面的不同而随时更换。因此空间的变更就可以作为场面的划分处。如果空间变了，还不做场面划分，又不用某种方式暗示观众，就可能会引起混乱。

3. 情节的转换

一部影视作品的情节结构由内在线索发展而成，一般来说都有开始、发展、转折、高潮、结束的过程。这些情节的每一个阶段，就形成一个个情节的段落，无论是倒叙、顺叙、插叙、闪回、联想，都离不开情节发展中的一个阶段性的转折，可以依据这一点来做情节段落的划分。

总之，场面和段落是影视作品中基本的结构形式，作品里内容的结构层次依据段落来表现。因此，场面过渡首先是叙述内在逻辑上的要求，同时也是叙述外在节奏上的要求。

8.1.2 场景切换的方法

场景切换的方法多种多样，但依据手法不同分为两类：一类是用特技手段作为过渡 (即技巧过渡)，另一类是用镜头自然过渡作为过渡 (即无技巧过渡)。

1. 技巧过渡的方法

技巧过渡的特点是：既容易造成视觉的连贯，又容易造成段落的分割。场面过渡常用的技巧有以下几种。

1) 淡出淡入

淡出淡入也称为"渐隐渐显"。即上一段落最后一个镜头的光度逐渐减到零点，画面由明转暗、逐渐隐去，下一段落的第一个镜头的光度由零点逐渐到正常的强度，画面由暗转明，逐渐显现。这样的过渡过程，前一部分就是"淡出"，后一部分就是"淡入"。

2) 叠化

叠化是指第二个镜头出现于屏幕的过程中，仿佛是从前一镜头之后逐渐显露出来的；即在前一镜头逐渐模糊、淡去的过程中，后一镜头同时逐渐清晰。叠化一般适用于两个画面在形状上相似的段落间的转换。

3) 划像

划像是指前一画面从一个方向退出画面时，第二个画面随之出现，开始另一段落。根据退出画面的方向不同，划像又可分为横划、竖划、对角线划等。划像一般适合于两个内容意义差别较大的段落间的转换。

4) 圈出圈入

圈出圈入是指前一段落结束时用圈、框等图把前一个段落圈出来，并圈入要开始的第二个段落。

5) 定格

定格是指对第一个段落的结尾画面做静态处理，使人产生瞬间的视觉停顿，接着出现下一个画面，这比较适合于不同主题段落间的转换。

6) 空画面转场

当情绪发展到高潮的顶点以后，需要一个更长的间歇，使观众能够回味作品的情节和意境，或者得以喘息，能稍微缓和一下情绪。这种情况下即可使用空画面转场，空画面转场是用情绪镜头的长度来获得表现效果，从而增强节目艺术的感染力。

7) 翻页

翻页是指第一个画面像翻书一样翻过去，第二个画面随之显露出来。

8) 正负像互换

正负像互换来自照相上的一种模拟特技。电影靠洗印处理，而电视靠色彩分离，有种木刻的效果，适用于人物专题片。

9) 变焦

使用变焦来使形象模糊，从而使观众的注意力集中到焦点突出的形象上，达到不变换镜头就可以改变构图和景物的目的。在这种技巧中，往往是两个主体一前一后，在景深中互为陪衬，达到前虚后实或前实后虚的效果。它也可以使整个画面由实至虚或由虚至实，从而达到过渡的目的。

2. 无技巧过渡的方法

无技巧过渡就是指不使用技巧手段，而用镜头的自然过渡来连接两段内容，这在一定程度上加快了影片的节奏。

近年来，故事片基本摒弃了采用技巧的转场手法，时空的转换、段落的过渡都通过直接切换来实现。这是因为故事片有明显的情节线索，有由情节限定的相对空间的稳定性。但在电视节目中，却并不都是如此。由于节目形式的发展，演播室和外景越来越多地结合在一起，在片子中主持人和记者也越来越多地和报道内容相分开，两种屏幕形象会同时出现，因此人们也越来越多地使用技巧手法把两种形象自然地区分开。

无技巧的转场方法要注意寻找合理的转换因素和适当的造型因素，使之具有视觉的连贯性。但在大段落的转换时，又要顾及心理的隔断性，表达出间歇、停顿和转折的意思。切不可段落不明、层次不清。

这种直接过渡之所以能成立，首先是因为影视艺术在时空上充分自由，屏幕画面可以由这一段跳到另一段，中间可以留一段空白，而空白无须进行说明，观众也能得出自己的理解。因此无技巧过渡的功能很强大，这些功能使它省略了许多过场戏，缩短了段落间的间隔，加紧了作品的内在结构，扩充了作品容量。在无技巧过渡的段落转换处，画面必须有可靠的过渡因素，可起承上启下的作用，只有这样才可直接切换。

8.2　应用视频过渡效果

要使两个素材的切换更加自然、变化更丰富，就需要加入 Premiere 提供的各种过渡效果，以达到丰富画面的目的。

8.2.1　"效果"面板

Premiere Pro 2021 的视频过渡效果存放在"效果"面板的"视频过渡"效果文件夹中。选择"窗口"|"效果"命令，打开"效果"面板，"效果"面板将所有视频效果有组织地存放在各个子文件夹中，如图 8-1 所示。

在 Premiere Pro 2021 "效果"面板的"视频过渡"效果文件夹中存储了 38 种不同的过渡效果。单击"效果"面板中"视频过渡"效果文件夹前面的三角形图标,可以查看过渡效果的种类列表,如图 8-2 所示。单击其中一种过渡效果文件夹前面的三角形图标,就可以查看该类过渡效果所包含的内容,如图 8-3 所示。

图 8-1　"效果"面板　　　　图 8-2　过渡效果的种类列表　　　图 8-3　展开过渡种类

8.2.2　效果的管理

在"效果"面板中存放了各类效果,用户在此可以查找需要的效果,或对效果进行有序化的管理,在"效果"面板中用户可以进行如下操作。

- 查找视频效果:单击"效果"面板中的查找文本框,然后输入效果的名称,即可找到该视频效果,如图 8-4 所示。
- 组织素材箱:创建新的素材箱(即文件夹),可以将最常用的效果组织在一起。单击"效果"面板底部的"新建自定义素材箱"按钮▣,可以创建新的素材箱,如图 8-5 所示。然后可以将需要的效果拖入其中进行管理,如图 8-6 所示。

图 8-4　查找过渡效果　　　　图 8-5　新建自定义素材箱　　　图 8-6　管理过渡效果

- 重命名自定义素材箱:在新建的素材箱名称上单击两次,然后输入新名称,即可重命名所创建的素材箱。
- 删除自定义素材箱:单击文件夹将其选中,然后单击"删除自定义项目"图标▣,或者从面板菜单中选择"删除自定义项目"命令,当"删除项目"对话框出现时,单击"确定"按钮即可删除自定义素材箱。

注意

用户不能对 Premiere 自带的素材箱进行删除和重命名操作。

8.2.3 添加视频过渡效果

将"效果"面板中的过渡效果拖到轨道中的两个素材之间 (也可以是前一个素材的出点处,或是后一个素材的入点处),即可在帧间添加该过渡效果。过渡效果使用第一个素材出点处的额外帧和第二个素材入点处的额外帧之间的区域作为过渡效果区域。

对素材应用效果时,可以选择"窗口"|"工作区"|"效果"命令,将 Premiere 的工作区设置为"效果"模式。在"效果"工作区,应用和编辑过渡效果所需的面板都显示在屏幕上,这有助于对效果进行添加和编辑等操作。

【练习 8-1】在素材间添加过渡效果

01 新建一个项目文件,然后在"项目"面板中导入照片,如图 8-7 所示。

图 8-7 导入照片

02 新建一个序列,然后将"项目"面板中的照片依次添加到"时间轴"面板的视频 1 轨道中,如图 8-8 所示。

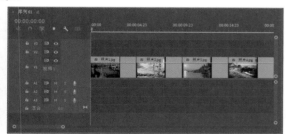

图 8-8 在"时间轴"面板中添加照片

03 选择"窗口"|"工作区"|"效果"命令,将 Premiere 的工作区设置为"效果"模式,并打开"效果"面板,如图 8-9 所示。

04 在"效果"面板中展开"视频过渡"文件夹,然后选择一个过渡效果 (如"3D 运动"|"立方体旋转"效果),如图 8-10 所示。

05 将选择的过渡效果拖到"时间轴"面板中前两个素材的相接处,此时过渡效果将被添加到轨道中

的素材间,并会突出显示发生切换的区域,如图 8-11 所示。

图 8-9 进入"效果"工作区

图 8-10 选择过渡效果

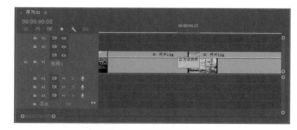

图 8-11 添加过渡效果

06 在"效果"面板中选择另一个过渡效果 (如"擦除"|"带状擦除"效果),如图 8-12 所示,然后将它拖到"时间轴"面板中间两个素材的交汇处,如图 8-13 所示。

图 8-12 选择过渡效果

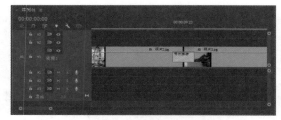

图 8-13 添加过渡效果

图 8-14 选择过渡效果

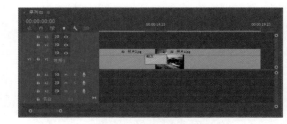

图 8-15 添加过渡效果

07 继续在"效果"面板中选择一个过渡效果(如"页面剥落"|"翻页"效果),如图 8-14 所示,然后将其拖到"时间轴"面板中后面两个素材的交汇处,如图 8-15 所示。

08 在"节目监视器"面板中单击"播放 - 停止切换"按钮▶以播放影片,可以预览添加过渡效果后的影片效果,如图 8-16 所示。

图 8-16 预览影片的过渡效果

8.2.4 应用默认过渡效果

在视频编辑过程中,如果在整个项目中需要多次应用相同的过渡效果,那么可以将其设置为默认过渡效果。在指定默认过渡效果后,可以快速地将其应用到各个素材之间。

默认情况下,Premiere Pro 2021 的默认过渡效果为"交叉溶解",该效果的图标有一个蓝色的边框,如图 8-17 所示。要设置新的过渡效果作为默认过渡效果,可以先选择一个视频过渡效果,然后单击鼠标右键,在弹出的快捷菜单中选择"将所选过渡设置为默认过渡"命令,如图 8-18 所示。

图 8-17 默认过渡效果

图 8-18 设置默认过渡效果

【练习 8-2】对所有素材应用默认过渡效果

01 新建一个项目文件和一个序列，在"项目"面板中导入素材文件，如图 8-19 所示。

图 8-19　导入素材

02 将素材文件编排在"时间轴"面板的视频 1 轨道中，如图 8-20 所示。

图 8-20　编排素材

03 打开"效果"面板，选择"滑动"|"推"过渡效果，然后单击鼠标右键，在弹出的快捷菜单中选择"将所选过渡设置为默认过渡"命令，如图 8-21 所示。将选择的过渡效果设置为默认过渡效果后，该效果会有一个蓝色的边框，如图 8-22 所示。

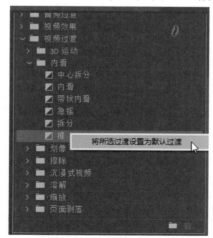

图 8-21　将"推"过渡效果设置为默认过渡效果

图 8-22　默认过渡效果

04 单击"工具"面板中的"向前选择轨道工具"按钮，然后在视频 1 轨道的第一个素材上单击鼠标，选择视频 1 轨道中的所有素材，如图 8-23 所示。

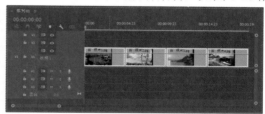

图 8-23　选择轨道中的所有素材

05 选择"序列"|"应用默认过渡到选择项"命令，或按 Shift+D 组合键，即可对所选择的所有素材应用默认的过渡效果，如图 8-24 所示。

图 8-24　对所选素材应用默认过渡效果

06 在"节目监视器"面板中单击"播放 - 停止切换"按钮以播放影片，可以预览添加默认过渡效果后的影片效果，如图 8-25 所示。

图 8-25　预览添加默认过渡效果后的影片效果

8.3 自定义视频过渡效果

在素材间应用过渡效果之后，在"时间轴"面板中将其选中后，就可以在"时间轴"面板或"效果控件"面板中对其进行编辑。

8.3.1 设置效果的默认持续时间

视频过渡效果的默认持续时间为当前编辑模式下 1 秒钟所包含的帧数。要更改默认过渡效果的持续时间，可以单击"效果"面板的快捷菜单按钮，在弹出的菜单中选择"设置默认过渡持续时间"命令，如图 8-26 所示。打开"首选项"对话框，选择"时间轴"选项，即可修改"视频过渡默认持续时间"参数，如图 8-27 所示。

图 8-26 选择"设置默认过渡持续时间"命令

图 8-27 设置视频过渡的默认持续时间

8.3.2 更改过渡效果的持续时间

在"时间轴"面板中通过拖动过渡效果的边缘，可以修改所应用过渡效果的持续时间，如图 8-28 所示。在"信息"面板中可以查看过渡效果的持续时间，如图 8-29 所示。

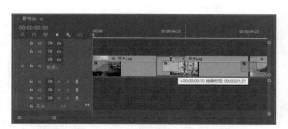

图 8-28 拖动过渡效果的边缘修改过渡效果的持续时间

图 8-29 查看过渡效果的持续时间

在"效果控件"面板中修改持续时间值，也可以修改过渡效果的持续时间，如图 8-30 所示。在"效果控件"面板中除了通过修改持续时间值来更改过渡效果的持续时间外，还可以通过拖动过渡效果的左边缘或右边缘来调整过渡效果的持续时间，如图 8-31 所示。

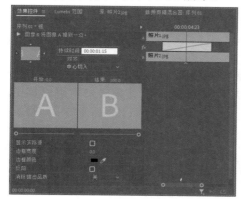
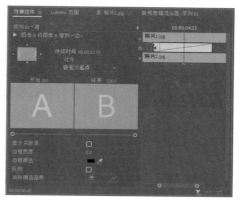

图 8-30　修改持续时间值　　　　图 8-31　手动调整过渡效果的持续时间

8.3.3　修改过渡效果的对齐方式

在"时间轴"面板中单击过渡效果并向左或向右拖动它，可以修改过渡效果的对齐方式。向左拖动过渡效果，可以将过渡效果与编辑点的结束处对齐，如图 8-32 所示。向右拖动过渡效果，可以将过渡效果与编辑点的开始处对齐，如图 8-33 所示。要让过渡效果居中，就需要将过渡效果放置在编辑点所在范围的中心位置。

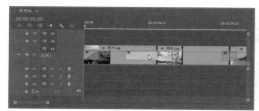
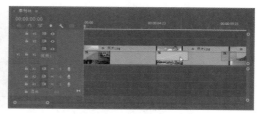

图 8-32　向左拖动过渡效果　　　　图 8-33　向右拖动过渡效果

在"效果控件"面板中可以对过渡效果进行更多的编辑。双击"时间轴"面板中的过渡效果，打开"效果控件"面板，选中"显示实际源"复选框，可以显示素材及过渡效果，如图 8-34 所示。在"效果控件"面板的"对齐"下拉列表中可以选择过渡效果的对齐方式，包括"中心切入""起点切入""终点切入"和"自定义起点"这几种对齐方式，如图 8-35 所示。

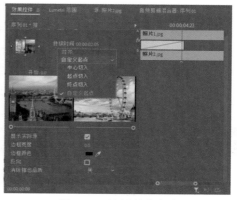

图 8-34　显示实际源　　　　图 8-35　选择对齐方式

各种对齐方式的作用如下。

- 在将对齐方式设置为"中心切入"或"自定义起点"时，更改持续时间值对入点和出点都会有影响。
- 在将对齐方式设置为"起点切入"时，更改持续时间值对出点会有影响。
- 在将对齐方式设置为"终点切入"时，更改持续时间值对入点会有影响。

8.3.4 反向过渡效果

在将过渡效果应用于素材后，默认情况下，素材切换是从第一个素材切换到第二个素材(A 到 B)。如果需要创建从场景 B 到场景 A 的过渡效果，也就是使场景 A 出现在场景 B 之后，可以选中"效果控件"面板中的"反向"复选框，对过渡效果进行反转设置。

注意

单击"消除锯齿品质"下拉列表框并选择抗锯齿的级别，可以使过渡效果更加流畅。

8.3.5 自定义过渡参数

在 Premiere Pro 2021 中，有些视频过渡效果还有"自定义"按钮，它提供了一些自定义参数，用户可以对过渡效果进行更多的设置。例如，在素材间添加"翻转"过渡后，在"效果控件"面板中就会出现"自定义"按钮，如图 8-36 所示。单击该按钮，可以打开"翻转设置"对话框，在其中可以对带的数量和填充颜色进行设置，如图 8-37 所示。

图 8-36 "自定义"按钮

图 8-37 设置参数

8.3.6 替换和删除过渡效果

如果在应用过渡效果后，没有达到原本想要的效果，可以对其进行替换或删除，具体操作如下。

- 替换过渡效果：在"效果"面板中选择需要的过渡效果，然后将其拖到"时间轴"面板中需要替换的过渡效果上即可，新的过渡效果将替换原来的过渡效果。
- 删除过渡效果：在"时间轴"面板中选择需要删除的过渡效果，然后按 Delete 键即可将其删除。

8.4 Premiere 过渡效果详解

Premiere Pro 2021 的"视频过渡"文件夹中包含 8 种不同的过渡类型，分别是"3D 运动""内滑""划像""擦除""沉浸式视频""溶解""缩放""页面剥落"，如图 8-38 所示。下面详细介绍各类过渡效果的作用。

8.4.1　3D 运动过渡效果

3D 运动类型的过渡包含运动效果。展开该文件夹，其中包含了"立方体旋转"和"翻转"过渡效果，如图 8-39 所示。

图 8-38　"视频过渡"包含 8 种过渡类型　　　　图 8-39　"3D 运动"包含两种过渡效果

1. 立方体旋转

此过渡效果使用旋转的立方体创建从素材 A 到素材 B 的过渡效果，单击缩览图四周的三角形按钮，可以将过渡效果设置为从北到南、从南到北、从西到东或从东到西过渡，如图 8-40 所示。

图 8-40　立方体旋转过渡效果

2. 翻转

此过渡效果将沿垂直轴翻转素材 A 来显示素材 B。单击"效果控件"面板底部的"自定义"按钮，打开"翻转设置"对话框，在其中可以设置带数和填充颜色，如图 8-41 所示。

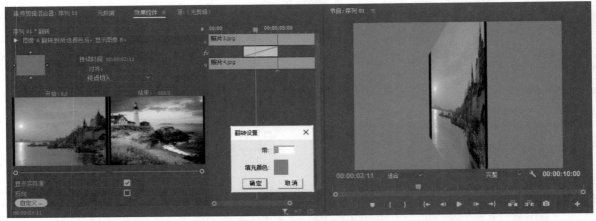

图 8-41　翻转过渡效果

8.4.2　内滑过渡效果

内滑过渡效果用于将素材滑入或滑出画面来提供过渡效果。该类过渡效果包括"中心拆分""内滑""带状内滑""急摇""拆分""推"等效果，如图 8-42 所示。

1. 中心拆分

在此过渡效果中，素材 A 被切分成 4 个象限，并逐渐从中心向外移动，然后素材 B 将取代素材 A。图 8-43 显示了"中心拆分"选项以及预览效果。

图 8-42　内滑过渡效果

图 8-43　中心拆分过渡

2. 内滑

在此过渡效果中，素材 B 逐渐滑动到素材 A 的上方。用户可以设置过渡效果的滑动方式，过渡效果的滑动方式可以是从北西向南东、从南东向北西、从北东向南西、从南西向北东、从西向东、从东向西、从北向南或从南向北，如图 8-44 所示。

图 8-44　内滑过渡

3. 带状内滑

在此过渡效果中，矩形条带从屏幕右边和屏幕左边出现，逐渐用素材 B 替代素材 A。在使用此过渡效果时，单击"自定义"按钮，打开"带状内滑设置"对话框，可以设置需要滑动的条带数量，如图 8-45 所示。

图 8-45　带状内滑过渡

4. 急摇

此过渡效果采用摇动摄像机的方式，使画面产生从素材 A 过渡到素材 B 的效果。图 8-46 显示了"急摇"选项以及预览效果。

5. 拆分

在此过渡效果中，素材 A 从中间分裂并显示后面的素材 B，该效果类似于打开两扇分开的门来显示房间内的东西。图 8-47 显示了"拆分"选项以及预览效果。

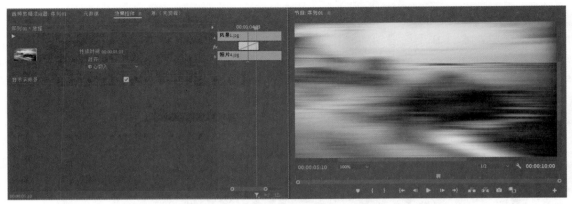

图 8-46　急摇过渡

图 8-47　拆分过渡

6. 推

在此过渡效果中，素材 B 将素材 A 推向一边。可以将此过渡效果的推挤方式设置为从西到东、从东到西、从北到南或从南到北，如图 8-48 所示。

图 8-48　推过渡

8.4.3 划像过渡效果

划像过渡的开始和结束都在屏幕的中心进行。划像过渡效果包括"交叉划像""圆划像""盒形划像""菱形划像"，如图 8-49 所示。

1. 交叉划像

在此过渡效果中，素材 B 逐渐出现在一个十字形中，该十字形会越变越大，直到占据整个画面，如图 8-50 所示。

图 8-49 划像过渡效果

图 8-50 交叉划像过渡

2. 圆划像

在此过渡效果中，素材 B 逐渐出现在慢慢变大的圆形中，该圆形将占据整个画面，如图 8-51 所示。

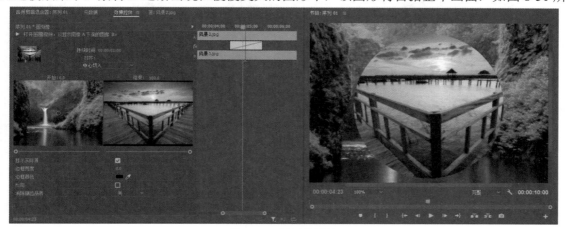

图 8-51 圆划像过渡

125

3. 盒形划像

在此过渡效果中，素材 B 逐渐显示在一个慢慢变大的矩形中，该矩形会逐渐占据整个画面，如图 8-52 所示。

图 8-52　盒形划像过渡

4. 菱形划像

在此过渡效果中，素材 B 逐渐出现在一个菱形中，该菱形将逐渐占据整个画面，如图 8-53 所示。

图 8-53　菱形划像过渡

8.4.4　擦除过渡效果

擦除过渡效果用于擦除素材 A 的不同部分来显示素材 B。擦除过渡效果包括"划出""双侧平推门""带状擦除""径向擦除""插入""时钟式擦除""棋盘""棋盘擦除""楔形擦除""水波块""油漆飞溅""渐变擦除""百叶窗""螺旋框""随机块""随机擦除""风车"，如图 8-54 所示。

1. 划出

在此过渡效果中，素材 B 向右推开素材 A，显示素材 B。该效果像是滑动的门，图 8-55 显示了"划出"设置和预览效果。

图 8-54 擦除过渡效果

图 8-55 划出过渡

2. 双侧平推门

在此过渡效果中，素材 A 被打开，显示素材 B。该效果像是两扇滑动的门，图 8-56 显示了"双侧平推门"设置和预览效果。

图 8-56 双侧平推门过渡

3. 带状擦除

在此过渡效果中，矩形条带从屏幕左边和屏幕右边渐渐出现，素材 B 将替代素材 A。在使用此过渡效果时，可以单击"效果控件"面板中的"自定义"按钮，打开"带状擦除设置"对话框，在其中设置需要的条带数量，如图 8-57 所示。

图 8-57　带状擦除过渡

4. 径向擦除

在此过渡效果中，素材 B 是通过擦除显示的，先水平擦过画面的顶部，然后顺时针扫过一个弧度，逐渐覆盖素材 A，如图 8-58 所示。

图 8-58　径向擦除过渡

5. 插入

在此过渡效果中，素材 B 出现在画面左上角的一个小矩形框中。在擦除过程中，该矩形框逐渐变大，直到素材 B 替代素材 A，如图 8-59 所示。

图 8-59　插入过渡

【练习 8-3】制作逐渐显示的字幕

01 新建一个项目文件，在"项目"面板中导入素材文件，如图 8-60 所示。

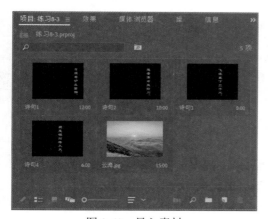

图 8-60　导入素材

02 选择"文件"|"新建"|"序列"命令，打开"新建序列"对话框，选择"轨道"选项卡，设置视频轨道数量为 5，如图 8-61 所示，单击"确定"按钮。

03 在"项目"面板中选中"云海.jpg"素材，然后选择"剪辑"|"速度/持续时间"命令，在打开的"剪辑速度/持续时间"对话框中设置持续时间为 15 秒，如图 8-62 所示。

04 在"项目"面板中将"诗句 1"的持续时间改为12 秒，将"诗句 2"的持续时间改为 10 秒，将"诗句 3"的持续时间改为 8 秒，将"诗句 4"的持续时间改为 6 秒，然后将各个素材分别添加到"时间轴"面板的视频 1 到视频 5 轨道中，并将各个素材的出点对齐，如图 8-63 所示。

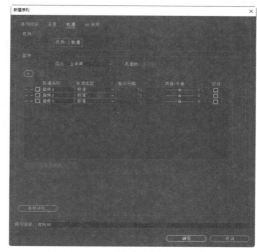

图 8-61　"新建序列"对话框

图 8-62　修改持续时间

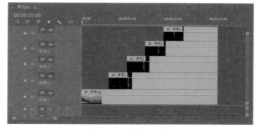

图 8-63　添加素材

05 在"效果"面板中选择"视频过渡"|"擦除"|"插入"过渡效果,如图 8-64 所示,然后将该过渡效果添加到"诗句 01"的入点处,如图 8-65 所示。

图 8-64 选择"插入"过渡效果

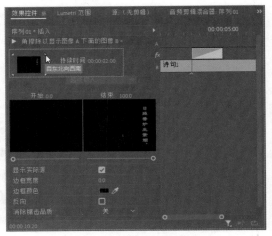

图 8-66 设置过渡效果

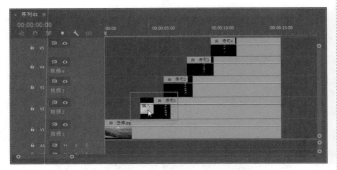

图 8-65 添加"插入"过渡效果

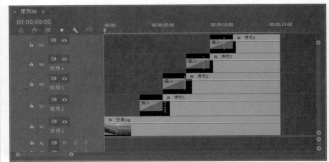

图 8-67 添加过渡效果

06 打开"效果控件"面板,单击"诗句 01"上的过渡图标,设置过渡效果的持续时间为 2 秒,然后单击"自东北向西南"按钮，设置过渡效果的插入方向为"从东北到西南",如图 8-66 所示。

07 将"插入"过渡效果添加到"时间轴"面板中的其他 3 个诗句的入点处,同样设置过渡效果的插入方向为"自东北向西南"、持续时间为 2 秒,如图 8-67 所示。

08 在"节目监视器"面板中单击"播放 - 停止切换"按钮，对添加过渡效果后的影片进行预览,效果如图 8-68 所示。

图 8-68 预览过渡效果

6. 时钟式擦除

在此过渡效果中,素材 B 逐渐出现在屏幕上,以圆周运动方式显示。该效果就像是时钟的旋转指针扫过素材屏幕,如图 8-69 所示。

7. 棋盘

在此过渡效果中,包含素材 B 的棋盘图案逐渐取代素材 A。在使用此过渡效果时,可以单击"效果控件"面板底部的"自定义"按钮,打开"棋盘设置"对话框,在其中可以设置水平切片和垂直切片的数量,如图 8-70 所示。

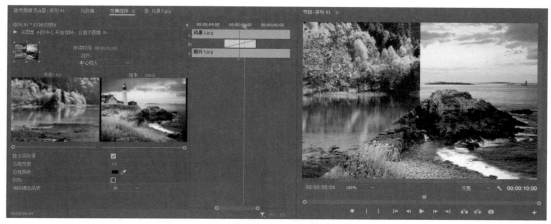

图 8-69　时钟式擦除过渡

图 8-70　棋盘过渡

8. 棋盘擦除

在此过渡效果中，包含素材 B 切片的棋盘方块图案逐渐延伸到整个屏幕。在使用此过渡效果时，可以单击"效果控件"面板底部的"自定义"按钮，打开"棋盘擦除设置"对话框，在其中设置水平切片和垂直切片的数量，如图 8-71 所示。

图 8-71　棋盘擦除过渡

9. 楔形擦除

在此过渡效果中，素材 B 出现在逐渐变大并最终替换素材 A 的饼式楔形中。图 8-72 显示了"楔形擦除"设置以及预览效果。

图 8-72　楔形擦除过渡

10. 水波块

在此过渡效果中，素材 B 渐渐出现在水平条带中，这些条带从左向右移动，然后从右向屏幕左下方移动。在使用此过渡效果时，可以单击"效果控件"面板底部的"自定义"按钮，打开"水波块设置"对话框，在其中可以设置需要的水平条带和垂直条带的数量，如图 8-73 所示。

图 8-73　水波块过渡

11. 油漆飞溅

在此过渡效果中，素材 B 逐渐以泼洒颜料的形式出现。图 8-74 显示了"油漆飞溅"设置以及预览效果。

12. 渐变擦除

对素材使用该过渡效果时，将打开"渐变擦除设置"对话框，如图 8-75 所示。在此对话框中单击"选择图像"按钮，可以打开"打开"对话框进行灰度图像的加载，如图 8-76 所示。这样在擦除效果出现时，对应于素材 A 的黑色区域和暗色区域的素材 B 的图像区域最先显示。

图 8-74　油漆飞溅过渡

图 8-75　"渐变擦除设置"对话框

图 8-76　加载灰度图像

在此过渡效果中，素材 B 逐渐擦过整个屏幕，并使用用户选择的灰度图像的亮度值确定替换素材 A 中的哪些图像区域，如图 8-77 所示。

图 8-77　渐变擦除过渡

【练习8-4】制作文字书写效果

01 新建一个项目文件和一个序列，选择"文件"|"新建"|"颜色遮罩"命令，打开"新建颜色遮罩"对话框，保持默认参数，然后单击"确定"按钮，如图8-78所示。

图 8-78　"新建颜色遮罩"对话框

02 在打开的"拾色器"对话框中设置颜色为黑色，然后单击"确定"按钮，如图8-79所示。

图 8-79　"拾色器"对话框

03 在打开的"选择名称"对话框中设置名称后单击"确定"按钮，如图8-80所示，即可在"项目"面板中创建颜色遮罩素材，如图8-81所示。

04 选中颜色遮罩素材，然后选择"剪辑"|"速度/持续时间"菜单命令。在打开的"剪辑速度/持续时间"对话框中将持续时间改为00:00:02:00(即持续时间为2秒)，然后单击"确定"按钮，如图8-82所示。

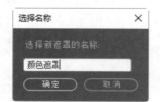

图 8-80　"选择名称"对话框

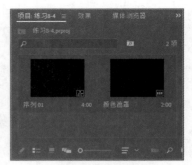

图 8-81　创建颜色遮罩素材

图 8-82　设置持续时间

05 在"项目"面板中导入背景和文字素材，设置"竹1.tif"的持续时间为3秒，设置"竹2.tif"的持续时间为1秒，如图8-83所示。

图 8-83　添加素材并修改持续时间

06 将"项目"面板中的"竹子.jpg"素材添加到"时间轴"面板的视频1轨道中，将"颜色遮罩"素材添加到"时间轴"面板的视频2轨道中，如图8-84所示。

07 将"项目"面板中的"竹1.tif"素材添加到"时间轴"面板的视频2轨道中，入点与"颜色遮罩"素材的出点对齐。然后将"颜色遮罩"和"竹2.tif"素材添加到"时间轴"面板的视频3轨道中，效果如图8-85所示。

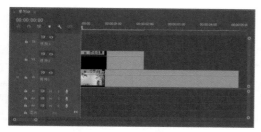

图 8-84　添加素材

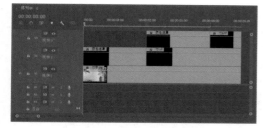

图 8-85　添加并编排素材

08 选择"窗口"|"效果"命令，打开"效果"面板。然后展开"视频过渡"文件夹，选择"擦除"|"渐变擦除"过渡效果，如图 8-86 所示。

图 8-86　选择"渐变擦除"过渡效果

09 将"渐变擦除"效果添加到视频 2 轨道的"颜色遮罩"素材的入点处，打开"渐变擦除设置"对话框，然后单击"选择图像"按钮，如图 8-87 所示。

图 8-87　单击"选择图像"按钮

10 在打开的"打开"对话框中选择并打开"渐变字1.tif"素材，如图 8-88 所示。

11 在"时间轴"面板中双击添加的"渐变擦除"效果，然后在打开的"设置过渡持续时间"对话框中设置过渡持续时间为 2 秒，如图 8-89 所示。

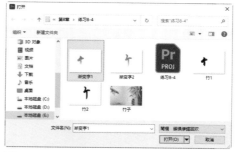

图 8-88　在"打开"对话框中选择图像素材

图 8-89　设置过渡持续时间

12 将"渐变擦除"效果添加到视频 3 轨道的"颜色遮罩"素材的入点处，然后在打开的"渐变擦除设置"对话框中单击"选择图像"按钮。

13 在打开的"打开"对话框中选择并打开"渐变字2.tif"素材，如图 8-90 所示。

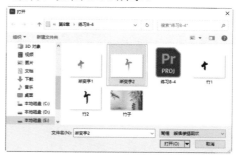

图 8-90　在"打开"对话框中选择图像素材

14 在"时间轴"面板中双击添加的"渐变擦除"效果，然后在打开的"设置过渡持续时间"对话框中设置过渡持续时间为 2 秒，或在"效果控件"面板中设置过渡持续时间为 2 秒，如图 8-91 所示。

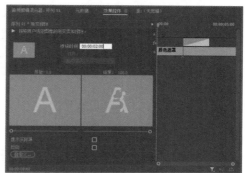

图 8-91　设置过渡持续时间

135

15 在"节目监视器"面板中单击"播放 - 停止切换"按钮 ▶，预览编辑好的视频节目，效果如图 8-92 所示。

图 8-92　预览视频效果

13. 百叶窗

在此过渡效果中，素材 B 看起来像是透过百叶窗出现的，百叶窗逐渐打开，从而显示素材 B 的完整画面。在使用此过渡效果时，单击"效果控件"面板底部的"自定义"按钮，打开"百叶窗设置"对话框，在其中可以设置要显示的条带数量，如图 8-93 所示。

图 8-93　百叶窗过渡

14. 螺旋框

在此过渡效果中，一个矩形边框围绕画面移动，逐渐使用素材 B 替换素材 A。在使用此过渡效果时，单击"效果控件"面板底部的"自定义"按钮，打开"螺旋框设置"对话框，在其中可以设置水平值和垂直值，如图 8-94 所示。

图 8-94　螺旋框过渡

15. 随机块

在此过渡效果中，素材 B 逐渐出现在屏幕随机显示的小盒中。在使用此过渡效果时，单击"效果控件"面板底部的"自定义"按钮，打开"随机块设置"对话框，在其中可以设置盒子的宽度值和高度值，如图 8-95 所示。

图 8-95　随机块过渡

16. 随机擦除

在此过渡效果中，素材 B 逐渐出现在顺着屏幕下拉的小块中。图 8-96 显示了"随机擦除"设置以及预览效果。

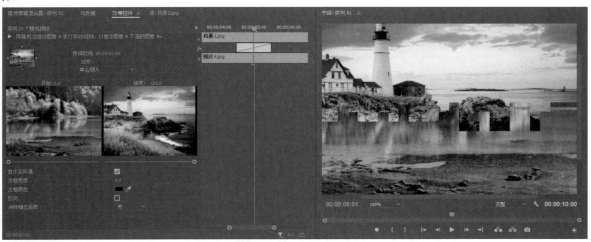

图 8-96　随机擦除过渡

17. 风车

在此过渡效果中，素材 B 逐渐以不断变大的星星的形式出现，这个星星最终将占据整个画面。在使用此过渡效果时，单击"效果控件"面板底部的"自定义"按钮，打开"风车设置"对话框，在其中可以设置需要的楔形数量，如图 8-97 所示。

图 8-97　风车过渡

8.4.5　沉浸式视频过渡效果

沉浸式视频过渡效果包括了 VR(虚拟现实) 类型的过渡效果，这类过渡效果确保过渡画面不会出现失真现象，且接缝线周围不会出现伪影，如图 8-98所示。

提示

VR 一般指虚拟现实。虚拟现实技术是一种可以创建和体验虚拟世界的计算机仿真系统，它利用计算机生成一种模拟环境，是一种多源信息融合的、交互式的三维动态视景和实体行为的系统仿真。

图 8-98　沉浸式视频过渡效果

1. VR 光圈擦除

在此过渡效果中，素材 B 逐渐出现在慢慢变大的光圈中，随后该光圈将占据整个画面，如图 8-99 所示。

图 8-99　VR 光圈擦除过渡

2. VR 光线

在此过渡效果中，素材 A 逐渐变亮为强光线，随后素材 B 在光线中逐渐淡入，如图 8-100 所示。

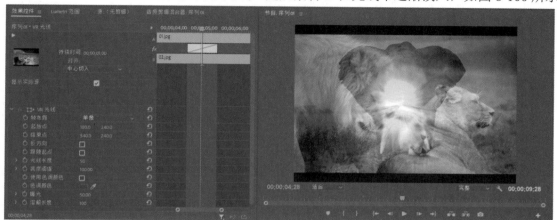

图 8-100　VR 光线过渡

3. VR 渐变擦除

在此过渡效果中，素材 B 逐渐擦过整个屏幕，用户可以选择作为渐变擦除素材 A 的图像，还可以设置渐变擦除的羽化值等参数，如图 8-101 所示。

图 8-101　VR 渐变擦除过渡

4. VR 漏光

在此过渡效果中，素材 A 逐渐变亮，随后素材 B 在亮光中逐渐淡入，如图 8-102 所示。

5. VR 球形模糊

在此过渡效果中，素材 A 以球形模糊的形式逐渐消失，随后素材 B 以球形模糊的形式逐渐淡入，如图 8-103 所示。

6. VR 色度泄漏

在此过渡效果中，素材 A 以色度泄漏的形式逐渐消失，随后素材 B 逐渐淡入在屏幕上，如图 8-104 所示。

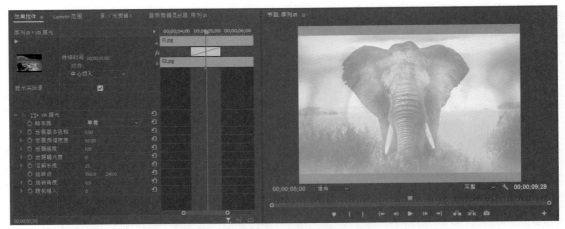

图 8-102　VR 漏光过渡

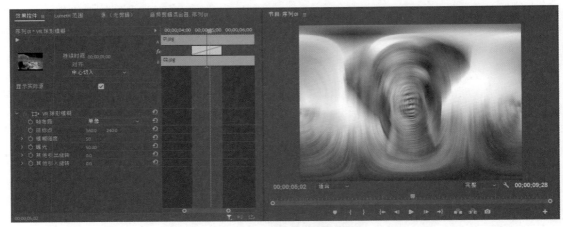

图 8-103　VR 球形模糊过渡

图 8-104　VR 色度泄漏过渡

7. VR 随机块

在此过渡效果中，素材 B 逐渐出现在屏幕随机显示的小盒中，用户可以设置块的宽度、高度和羽化值等参数，如图 8-105 所示。

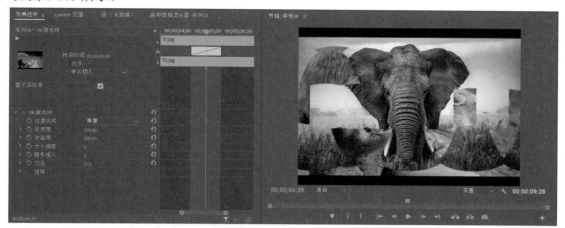

图 8-105　VR 随机块过渡

8. VR 默比乌斯缩放

在此过渡效果中，素材 B 以默比乌斯缩放方式逐渐出现在屏幕上，如图 8-106 所示。

图 8-106　VR 默比乌斯缩放过渡

8.4.6　溶解过渡效果

溶解过渡效果将一个视频素材逐渐淡入另一个视频素材中。用户可以从 7 个溶解过渡效果中进行选择，包括 MorphCut、"交叉溶解""叠加溶解""白场过渡""黑场过渡""胶片溶解""非叠加溶解"，如图 8-107 所示。

图 8-107　溶解过渡效果

1. MorphCut

MorphCut 通过在原声摘要之间平滑跳切，帮助用户创建更加完美的视频效果。MorphCut 采用脸部跟踪和可选流插值的高级组合，在剪辑之间形成无缝过渡。若使用得当，MorphCut 过渡可以实现无缝效果，以至于画面看起来就像拍摄视频一样自然。

2. 交叉溶解

在此过渡效果中，素材 B 在素材 A 淡出之前淡入，图 8-108 显示了"交叉溶解"设置和预览效果。

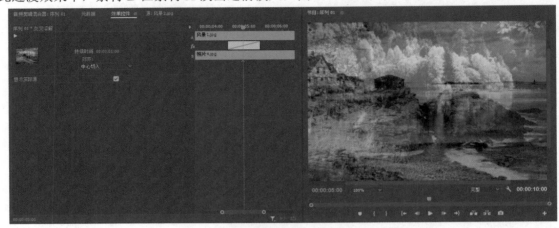

图 8-108　交叉溶解过渡

3. 叠加溶解

此过渡效果创建从一个素材到下一个素材的淡化，图 8-109 显示了"叠加溶解"设置和预览效果。

图 8-109　叠加溶解过渡

4. 白场过渡

在此过渡效果中，素材 A 淡化为白色，然后淡化为素材 B。图 8-110 显示了"白场过渡"设置和预览效果。

5. 黑场过渡

在此过渡效果中，素材 A 逐渐淡化为黑色，然后再淡化为素材 B。图 8-111 显示了"黑场过渡"设置和预览效果。

图 8-110　白场过渡

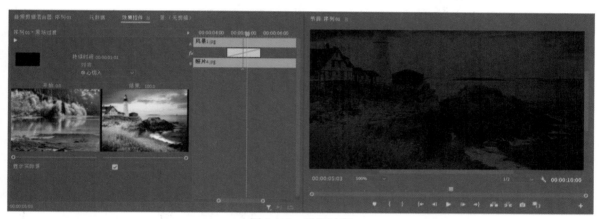

图 8-111　黑场过渡

6. 胶片溶解

此过渡效果与"叠加溶解"过渡效果相似,它创建从一个素材到下一个素材的线性淡化。图 8-112 显示了"胶片溶解"设置和预览效果。

图 8-112　胶片溶解过渡

143

7. 非叠加溶解

在此过渡效果中，素材 B 逐渐出现在素材 A 的彩色区域内。图 8-113 显示了"非叠加溶解"设置和预览效果。

图 8-113　非叠加溶解过渡

8.4.7　缩放过渡效果

缩放过渡效果中包含一个"交叉缩放"效果。此过渡效果先缩小素材 B，然后逐渐放大它，直到占据整个画面。图 8-114 显示了"交叉缩放"设置以及预览效果。

图 8-114　交叉缩放过渡

8.4.8　页面剥落过渡效果

页面剥落过渡效果模仿翻转显示下一页的书页，素材 A 在第一页上，素材 B 在第二页上。页面剥落过渡效果包括"翻页"和"页面剥落"两种过渡，如图 8-115 所示。

图 8-115　页面剥落过渡效果

1. 翻页

使用此过渡效果，页面将翻转，但不发生卷曲。在翻转显示素材 B 时，可以看见素材 A 颠倒出现在页面的背面。图 8-116 显示了"翻页"设置和预览效果。

图 8-116　翻页过渡

2. 页面剥落

在此过渡效果中，素材 A 从页面左边滚动到页面右边 (没有发生卷曲) 来显示素材 B。图 8-117 显示了"页面剥落"设置和预览效果。

图 8-117　页面剥落过渡

8.5　本章小结

本章介绍了 Premiere Pro 2021 视频过渡效果的应用，读者需要重点掌握在"效果"面板中管理效果、添加视频过渡效果、应用默认过渡效果、设置效果的默认持续时间、更改过渡效果的持续时间、修改过渡效果的对齐方式等操作，并熟悉各个过渡效果的作用。

8.6　思考与练习

1. 默认情况下，Premiere Pro 2021 的默认过渡效果为_____，该效果的图标有一个蓝色的边框。
2. 场面过渡的依据有哪些？
3. 什么是技巧过渡？技巧过渡的方法有哪些？
4. Premiere Pro 2021 的视频过渡效果存放在什么地方？
5. Premiere Pro 2021 的视频过渡效果包括哪几种类型？
6. 新建一个项目和一个序列，在"项目"面板中导入素材，并将各个素材的持续时间改为 3 秒，然后依次将过渡效果中的"立方体旋转""带状内滑""百叶窗""风车"效果添加到各个素材的入点处，如图 8-118 所示，视频节目的播放效果如图 8-119 所示。

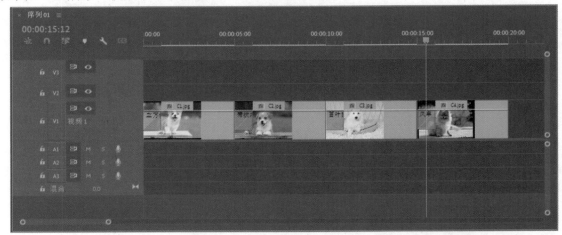

图 8-118　添加过渡效果

图 8-119　影片预览效果

第 9 章 视频特效

在视频中添加视频特效，可以使视频画面更加绚丽多彩。在 Premiere Pro 2021 中通过使用各种视频效果，可以使视频产生扭曲、模糊、幻影、镜头光晕、闪电等特效。本章将详细介绍 Premiere Pro 2021 中视频特效的类型与应用。

本章重点

- 视频效果基本操作
- 编辑视频效果
- 常用视频效果详解

二维码教学视频

【练习 9-1】创建镜头光晕
【练习 9-2】五画同映
【练习 9-3】去除视频水印
【练习 9-4】晴天霹雳
【练习 9-5】蓝色海洋

9.1　视频效果基本操作

视频效果是一些由 Premiere 封装好的程序，专门用于处理视频画面，并且按照指定的要求实现各种视觉效果。Premiere Pro 2021 的视频效果集合在"效果"面板中。

9.1.1　视频效果概述

在 Premiere 中，视频效果是指对素材运用视频特效。视频效果的处理过程就是将原有素材或已经处理过的素材，经过软件中内置的数字运算和处理后，再按照用户的要求输出。运用视频效果，可以修补视频素材中的缺陷，也可以产生特殊的效果。

对视频素材添加视频效果后，可以使图像看起来更加绚丽多彩，使枯燥的视频变得生动起来，从而产生不同于现实的视频效果。选择"窗口"|"效果"命令，打开"效果"面板，然后单击"视频效果"文件夹前面的三角形将其展开，会显示其中的效果类型列表，如图 9-1 所示。展开某个效果类型文件夹，可以显示该类型所包含的效果内容，如图 9-2 所示。

图 9-1　效果类型列表

图 9-2　显示效果内容

9.1.2　视频效果的管理

使用 Premiere 视频效果时，可以使用"效果"面板的功能选项对其进行辅助管理。

- 查找效果：在"效果"面板顶部的查找字段中输入想要查找的效果名称，Premiere 将会自动查找指定的效果，如图 9-3 所示。
- 新建文件夹：单击"效果"面板底部的"新建自定义素材箱"图标█，可以新建一个文件夹来对效果进行管理。
- 重命名文件夹：自定义文件夹的名称可以随时修改。选中自定义的文件夹，然后单击文件夹名称，当文件夹名称高亮显示时，在名称字段中输入想要的名称，如图 9-4 所示。
- 删除文件夹：选中自定义文件夹，单击面板底部的"删除自定义项目"图标█，并在出现的提示框中单击"确定"按钮。

图 9-3　查找效果

图 9-4　新建并重命名文件夹

9.1.3　添加视频效果

为素材使用视频效果的操作方法与添加视频过渡的操作方法相似。在"效果"面板中选择一个视频效果，将其拖到"时间轴"面板中的素材上，就可以将该视频效果应用到素材上。

【练习 9-1】创建镜头光晕

01　新建一个项目文件，在"项目"面板中导入素材对象，如图 9-5 所示。

图 9-5　导入素材

02　新建一个序列，将"项目"面板中的素材添加到"时间轴"面板中的视频 1 轨道中，如图 9-6 所示。

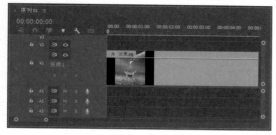

图 9-6　添加素材

03　选择"窗口"|"效果"命令，打开"效果"面板，选择"视频效果"|"生成"|"镜头光晕"视频效果，如图 9-7 所示。

图 9-7　选择"镜头光晕"效果

04　将选择的视频效果拖动到"时间轴"面板中的素材上，即可在该素材上应用所选择的效果。"效果控件"面板中将显示添加的效果，如图 9-8 所示。

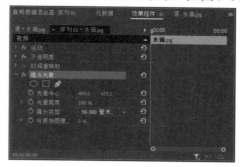

图 9-8　"镜头光晕"效果参数

05　在"节目监视器"面板中可以预览添加的"镜头光晕"效果，原图与添加"镜头光晕"效果后的对比效果如图 9-9 和图 9-10 所示。

图9-9　添加效果前　　　　　　　　　　　　　图9-10　添加效果后

9.1.4　禁用和删除视频效果

对素材添加某个视频效果后，用户可以暂时对添加的效果进行禁用，也可以将其删除，具体方法如下。

1. 禁用效果

对素材添加视频效果后，如果需要暂时禁用该效果，可以在"效果控件"面板中单击效果前面的"切换效果开关"按钮 fx，如图9-11所示。此时，该效果前面的图标将变成禁用图标 ，表示禁用该效果，如图9-12所示。

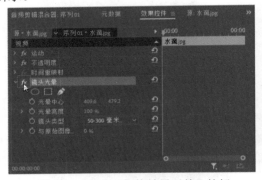

图9-11　单击"切换效果开关"按钮　　　　　　　图9-12　禁用效果

注意

禁用效果后，再次单击效果前面的"切换效果开关"按钮 fx，可以重新启用该效果。

2. 删除效果

对素材添加视频效果后，如果需要删除该效果，可以在"效果控件"面板中选中该效果，然后单击"效果控件"面板右上角的菜单按钮 ，在弹出的菜单中选择"移除所选效果"命令，即可将选中的效果删除，如图9-13所示。

如果对某个素材添加了多个视频效果，可以单击"效果控件"面板右上角的菜单按钮 ，在弹出的菜单中选择"移除效果"命令，打开"删除属性"对话框。在该对话框中可以选择多个要删除的视频效果，然后将其删除，如图9-14所示。

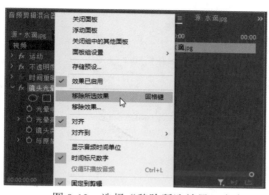

图 9-13 选择"移除所选效果"命令

图 9-14 选择要移除的效果

 注意

对素材添加视频效果后,在"效果控件"面板中选中该效果,可以按 Delete 键快速将其删除。

9.2 编辑视频效果

对素材添加视频效果后,可以在"效果控件"面板中对其参数进行设置,也可以通过在不同时间段添加关键帧来设置不同的效果。

9.2.1 设置视频效果参数

在"时间轴"面板中选择已经添加视频效果的素材,然后在"效果控件"面板中可以看到为素材添加的视频效果,如图 9-15 所示("波形变形"视频效果)。单击视频效果中各选项前面的三角形按钮,可以展开该效果的参数选项,如图 9-16 所示。

图 9-15 "效果控件"面板

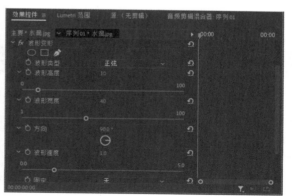

图 9-16 展开效果参数选项

在"效果控件"面板中可以通过拖动参数中的滑块,或是在参数文本框中输入参数值来调节其中的参数值,从而更改图像的效果。例如,图 9-17 所示的图像是对素材添加"波形变形"后的效果,当增加"波形变形"效果的波形高度和波形宽度后,可以得到如图 9-18 所示的效果。

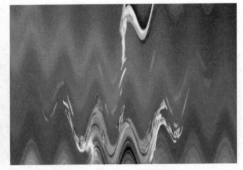

图 9-17 "波形变形"效果　　　　　　图 9-18 修改效果参数后

9.2.2 设置效果关键帧

同编辑运动效果一样,为素材添加视频效果后,在"效果控件"面板中单击"切换动画"按钮,将开启视频效果的动画设置功能,同时在当前时间位置创建一个关键帧,如图 9-19 所示。开启动画设置功能后,可以通过创建和编辑关键帧对视频效果进行动画设置。在"效果控件"面板中开启动画设置功能后,将时间指示器移到新的位置,可以通过单击参数后方的"添加 / 移除关键帧"按钮,在指定的时间位置添加或删除关键帧。用户可以通过修改关键帧的参数,编辑当前时间位置的视频效果,如图 9-20 所示。

图 9-19 开启动画设置功能　　　　　　图 9-20 修改关键帧的参数

9.3 常用视频效果详解

在 Premiere Pro 2021 中提供了多达上 100 种视频效果,被分类保存在 18 个文件夹中。由于 Premiere Pro 2021 的视频效果太多,因此这里只对常用的视频效果进行介绍。

9.3.1 变换效果

"变换"文件夹中的效果主要用来改变画面的效果,如图 9-21 所示。

1. 垂直翻转

在素材上运用该效果,可以将画面沿水平中心翻转 180°,类似于倒影效果,所有的画面都是翻转的,如图 9-22 和图 9-23 所示。该效果没有可设置的参数。

图 9-21　"变换"效果类型

图 9-22　原图像效果

图 9-23　垂直翻转效果

2. 水平翻转

在素材上运用该效果，可以将画面沿垂直中心翻转 180°，效果与垂直翻转类似，只是方向不同而已，如图 9-24 和图 9-25 所示。该效果没有可设置的参数。

图 9-24　原图像效果

图 9-25　水平翻转效果

3. 羽化边缘

在素材上运用该效果，通过在"效果控件"面板中调节羽化边缘的数量，如图 9-26 所示，可以在画面周围产生羽化效果，如图 9-27 所示。

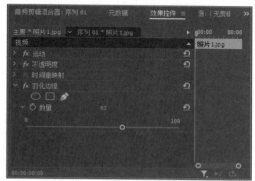

图 9-26　羽化边缘设置

图 9-27　羽化边缘效果

4. 裁剪

裁剪效果用于裁剪素材的画面，通过调节"效果控件"面板中的参数，如图 9-28 所示，可以从上、下、左、右四个方向裁剪画面。图 9-29 所示是将画面右侧裁剪后的效果。

图 9-28　调节裁剪参数

图 9-29　裁剪右侧画面

9.3.2　图像控制效果

在"图像控制"文件夹中包含了 5 种视频效果，如图 9-30 所示，该类效果主要用于改变影片的色彩。

1. 灰度系数校正

在素材上运用该效果，可以在不改变图像的高亮区域和低亮区域的情况下，使图像变亮或变暗。在"效果控件"面板中可以调节灰度的系数，如图 9-31 所示。

图 9-30　"图像控制"效果类型

图 9-31　调节灰度系数

图 9-32 和图 9-33 所示是应用"灰度系数校正"效果后的效果对比。

图 9-32　原图像效果

图 9-33　灰度系数校正效果

2. 颜色平衡 (RGB)

在素材上运用该效果，可以通过调节"效果控件"面板中的红色、绿色、蓝色参数来改变画面的色彩，以达到校色的目的，如图 9-34 所示。例如，对图像添加蓝色值后的效果如图 9-35 所示。

图 9-34　颜色平衡 (RGB) 参数

图 9-35　添加蓝色值的效果

3. 颜色替换

在素材上运用该效果，可以用指定的颜色代替选中的颜色以及与之相似的颜色。在"效果控件"面板中可以设置目标颜色和替换颜色，以及颜色的相似性，如图 9-36 所示。在"效果控件"面板中单击目标颜色或替换颜色图标，可以在打开的"拾色器"对话框中选择要替换的目标颜色或需要使用的颜色，如图 9-37 所示。

图 9-36　设置颜色参数

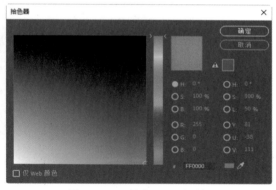

图 9-37　"拾色器"对话框

注意

在对图像进行颜色替换的过程中，也可以使用"效果控件"面板中的吸管工具，在图像中吸取选择要替换的颜色和需要使用的颜色。

4. 颜色过滤

颜色过滤效果可以将图像中未指定的单个颜色转换成灰度，如图 9-38 所示。使用颜色过滤效果可强调图像的特定区域，图 9-39 所示是将图像中金黄色以外的颜色转换为灰度后的效果。

图 9-38　设置颜色过滤

图 9-39　颜色过滤效果

5. 黑白

在素材上运用该效果，可以直接将彩色图像转换成灰度图像，该效果没有可设置的参数。

9.3.3　扭曲效果

在"扭曲"文件夹中包含了 12 种视频效果，如图 9-40 所示，该效果主要用于对图像进行几何变形。下面介绍几种常用的扭曲效果。

1. 偏移

在素材上运用该效果，可以对图像进行偏移，从而产生重影效果，并且可以设置偏移后的画面与原画面之间的距离，其参数如图 9-41 所示。

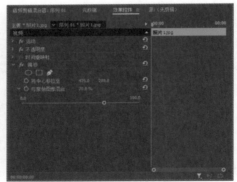

图 9-40　"扭曲"效果类型

图 9-41　"偏移"效果参数

图 9-42 和图 9-43 是对素材运用"偏移"效果前后的对比效果。

图 9-42　原图像效果

图 9-43　应用偏移效果

2. 变换

该效果可以对图像的位置、尺寸、不透明度、倾斜、旋转等进行综合设置，其参数如图 9-44 所示。图 9-45 所示是对画面进行旋转处理后的效果。

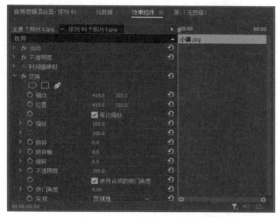

图 9-44 "变换"效果参数

图 9-45 旋转画面后的效果

3. 放大

在素材上运用该效果，可以对图像的局部进行放大处理。通过设置该效果的参数，可以选择圆形放大或是正方形放大，如图 9-46 所示。图 9-47 所示是对图像右方的建筑进行圆形放大的效果。

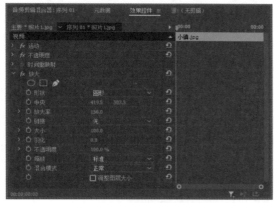

图 9-46 "放大"效果参数

图 9-47 圆形放大局部

- 形状：用于选择圆形或正方形放大图像。
- 中央：用于指定放大的位置。
- 放大率：用于设置放大画面的比例。
- 链接：在右方的列表中有 3 种放大形式供用户选择，如图 9-48 所示。
- 大小：用于设置放大区域的范围大小。
- 羽化：通过羽化设置，可以使放大的边缘与原图像自然融合。
- 不透明度：用于设置放大后图像的不透明度，降低不透明度可以显示放大的图像与原图像两个画面效果，如图 9-49 所示。
- 缩放：在右方的列表中有标准、柔和、扩散 3 种选项供用户选择。
- 混合模式：用于设置放大后的图像与原图像之间的混合效果。

图 9-48　3 种放大形式

图 9-49　设置不透明度

4. 旋转扭曲

在素材上运用该效果，可以制作出图像沿中心轴旋转的效果，如图 9-50 所示。通过效果参数可以调整扭曲的角度和强度，如图 9-51 所示。

图 9-50　旋转扭曲效果

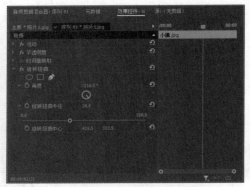

图 9-51　设置旋转扭曲参数

5. 波形变形

在素材上运用该效果，可以制作出水面的波浪效果，如图 9-52 所示。通过效果参数可以设置波形的类型、方向和强度等，如图 9-53 所示。

图 9-52　波形变形效果

图 9-53　设置变形参数

6. 湍流置换

在素材上运用该效果，可以使画面产生杂乱的变形效果，如图 9-54 所示。在效果参数中可以设置多种置换模式，如图 9-55 所示。

图 9-54　湍流置换效果

图 9-55　设置置换模式

7. 球面化

在素材上运用该效果，可以制作出球形的画面效果，如图 9-56 所示。该效果的参数如图 9-57 所示。

图 9-56　球面化效果

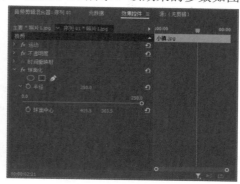

图 9-57　球面化参数

- 半径：用于设置球形的半径。
- 球面中心：用于设置球形中心的坐标。

8. 边角定位

在素材上运用该效果，可以使图像的 4 个顶点发生位移，以达到变形画面的效果，如图 9-58 所示。该效果中的 4 个参数分别代表图像 4 个顶点的坐标，如图 9-59 所示。

图 9-58　移动左上角的效果

图 9-59　边角定位参数

9. 镜像

在素材上运用该效果，可以将图像沿一条直线分割为两部分，并制作出镜像效果，如图 9-60 所示。该效果的设置参数如图 9-61 所示。

图 9-60 镜像图像效果

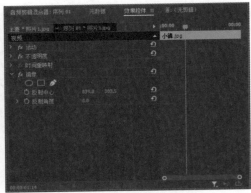

图 9-61 设置镜像效果参数

- 反射中心：用于设置镜像中心点的坐标。
- 反射角度：用于设置镜像图像的角度。

10. 镜头扭曲

在素材上运用该效果，可以使画面沿垂直轴和水平轴扭曲，制作出用变形透视镜观察对象的效果，如图 9-62 所示。应用该效果时，可以在"效果控件"面板中设置镜头扭曲参数，如图 9-63 所示。

图 9-62 变形透视镜效果

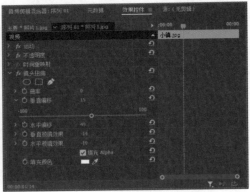

图 9-63 设置镜头扭曲参数

【练习 9-2】五画同映

01 新建一个名为"五画同映"的项目文件。然后在"项目"面板中导入影片视频素材，如图 9-64 所示。

02 新建一个序列，在"新建序列"对话框中设置编辑模式为"自定义"，视频画面的水平大小为 720、垂直大小为 480，如图 9-65 所示。

图 9-64 导入素材

图 9-65 新建序列

03 选择"序列"|"添加轨道"命令,打开"添加轨道"对话框。设置添加视频轨道的数量为2,如图 9-66 所示。

图 9-66 添加视频轨道

04 选中"影片 01.mp4"素材,然后选择"剪辑"|"速度/持续时间"命令。在打开的"剪辑速度/持续时间"对话框中设置素材的持续时间为 10 秒,如图 9-67 所示。

图 9-67 设置持续时间

05 使用同样的方法将其他影片素材的持续时间都设置为 10 秒。再将各个影片素材依次添加到时间轴面板的视频 1~ 视频 5 轨道上,如图 9-68 所示。

图 9-68 在时间轴面板中添加素材

06 在时间轴面板中选择所有的素材,然后单击鼠标右键,在弹出的快捷菜单中选择"取消链接"命令,如图 9-69 所示。

图 9-69 取消音频和视频链接

07 在时间轴面板中取消音频和视频链接后,选择音频轨道中的音频素材,然后按 Delete 键将其删除,如图 9-70 所示。

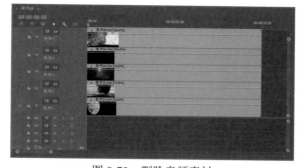

图 9-70 删除音频素材

08 打开效果面板,选择"视频效果"|"扭曲"|"边角定位"视频效果,如图 9-71 所示。然后将"边角定位"效果依次添加到视频 2~ 视频 5 轨道中的素材上。

图 9-71　选择"边角定位"视频效果

09　选择视频 5 轨道中的素材，然后打开"效果控件"面板，展开"边角定位"效果选项组，将时间指示器移到第 0 秒的位置。单击"左下"和"右下"选项前面的"切换动画"按钮，在当前时间位置为这两个选项各添加一个关键帧，如图 9-72 所示。

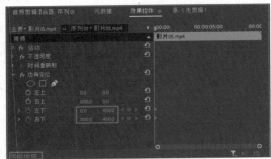

图 9-72　开启动画设置

10　将时间指示器移到第 1 秒的位置，然后单击"左下"和"右下"选项前面的"添加 / 移除关键帧"按钮，在此时间位置为这两个选项各添加一个关键帧。然后设置"左下"的坐标为 200、112，设置"右下"的坐标为 533、112，如图 9-73 所示。

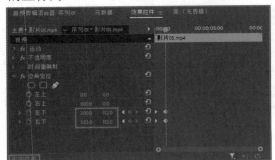

图 9-73　设置关键帧及参数

11　将时间指示器移到第 1 秒的位置，在"节目监视器"面板中进行影片预览，效果如图 9-74 所示。

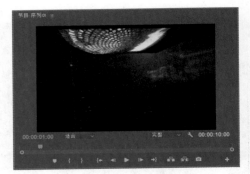

图 9-74　第 1 秒预览效果

12　选择视频 4 轨道中的素材，将时间指示器移到第 2 秒的位置。在"效果控件"面板中为"左上"和"右上"选项各添加一个关键帧，如图 9-75 所示。

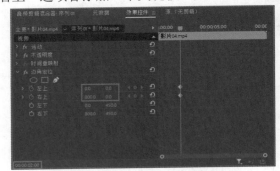

图 9-75　设置轨道 4 中素材的关键帧

13　将时间指示器移到第 3 秒的位置，为"左上"和"右上"选项各添加一个关键帧，然后将"左上"的坐标改为 200、337，将"右上"的坐标改为 533、337，如图 9-76 所示。

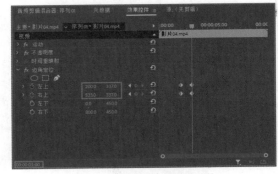

图 9-76　设置关键帧及参数

14　将时间指示器移到第 3 秒的位置，在"节目监视器"面板中进行影片预览，效果如图 9-77 所示。

15　选择视频 3 轨道中的素材，将时间指示器移到第 4 秒的位置，在"效果控件"面板中为"右上"和"右下"选项各添加一个关键帧，如图 9-78 所示。

图 9-77　第 3 秒预览效果

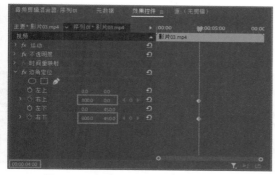

图 9-78　设置轨道 3 中素材的关键帧

16 将时间指示器移到第 5 秒的位置，继续为"右上"和"右下"选项各添加一个关键帧，并将"右上"的坐标改为 200、112，将"右下"的坐标改为 200、337，如图 9-79 所示。

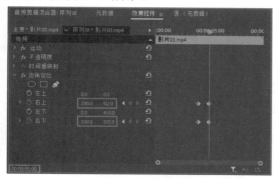

图 9-79　设置关键帧及参数

17 将时间指示器移到第 5 秒的位置，在"节目监视器"面板中进行影片预览，效果如图 9-80 所示。

18 选择视频 2 轨道中的素材，将时间指示器移到第 6 秒的位置，在"效果控件"面板中为"左上"和"左下"选项各添加一个关键帧，如图 9-81 所示。

19 将时间指示器移到第 7 秒的位置，在"效果控件"面板中继续为"左上"和"左下"选项各添加一个

关键帧，并将"左上"的坐标改为 533、112，将"左下"的坐标改为 533、337，如图 9-82 所示。

图 9-80　第 5 秒预览效果

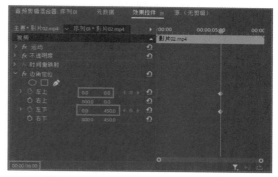

图 9-81　设置轨道 2 中素材的关键帧

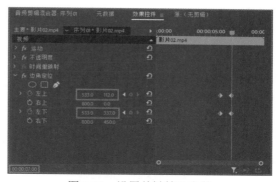

图 9-82　设置关键帧及参数

20 将时间指示器移到第 7 秒的位置，在"节目监视器"面板中进行影片预览，效果如图 9-83 所示。

21 选择视频 1 轨道中的素材，将时间指示器移到第 8 秒的位置，在"效果控件"面板中展开"运动"选项组，在"缩放"选项中添加一个关键帧，如图 9-84 所示。

22 将时间指示器移到第 9 秒的位置，在"效果控件"面板中为"缩放"选项添加一个关键帧，并设置"缩放"选项的值为 50，如图 9-85 所示，完成本例的制作。

图 9-83　第 7 秒预览效果

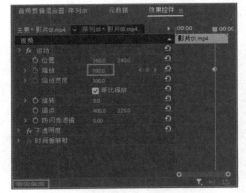

图 9-84　设置轨道 1 中素材的关键帧

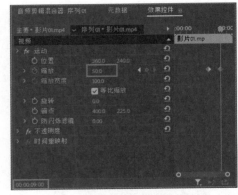

图 9-85　设置关键帧及参数

23　在"节目监视器"面板中对制作的五画同映进行预览，效果如图 9-86 所示。

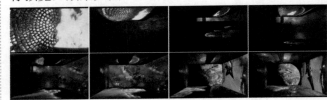

图 9-86　五画同映效果

9.3.4　时间效果

在"时间"文件夹中包含了色调分离时间和残影视频效果，如图 9-87 所示，该类效果主要用于改变图像的帧速率和制作残影效果。

1. 色调分离时间

该视频效果主要用于设置素材的帧速率，其中的参数如图 9-88 所示。

图 9-87　"时间"效果类型

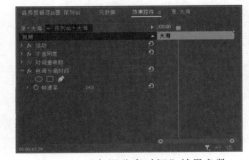

图 9-88　"色调分离时间"效果参数

2. 残影

该视频效果可以将多个画面重叠在一起，从而增强画面的亮度和色彩，在各画面之间可以设置重叠模式，其中的参数如图 9-89 所示。调节残影数量后的效果如图 9-90 所示。

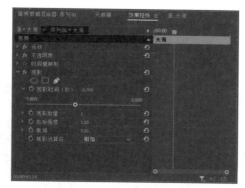

图 9-89　"残影"效果参数

图 9-90　残影效果

9.3.5　杂色与颗粒效果

在"杂色与颗粒"文件夹中包含了 6 种视频效果，如图 9-91 所示，该类效果主要用于对图像添加杂色等效果。

1. 中间值（旧版）

在素材上运用该效果，可以使画面效果变得模糊。通过调节效果参数中的半径值，如图 9-92 所示，可以控制画面的模糊程度，如图 9-93 所示。

图 9-91　"杂色与颗粒"效果类型

图 9-92　中间值（旧版）参数

图 9-93　中间值（旧版）效果

2. 杂色

在素材上运用该效果，可以在画面上添加杂色颗粒效果，如图 9-94 所示。设置参数中的杂色数量可以调节杂色的多少，如图 9-95 所示。

图 9-94　杂色效果

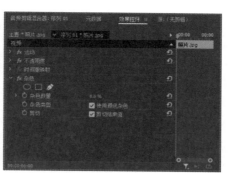

图 9-95　设置杂色参数

3. 杂色 Alpha

该效果类似于"杂色"效果，包含更多的可控参数，如图 9-96 所示。运用该效果后的效果如图 9-97 所示。

图 9-96　杂色 Alpha 参数　　　　　　　　　　　　图 9-97　杂色 Alpha 效果

4. 杂色 HLS

在素材上运用该效果，可以为画面添加杂色颗粒效果，并且可以调节画面的色相、亮度和饱和度等效果，如图 9-98 所示。运用该效果后的效果如图 9-99 所示。

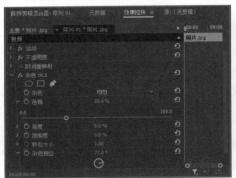

图 9-98　杂色 HLS 参数　　　　　　　　　　　　图 9-99　杂色 HLS 效果

5. 杂色 HLS 自动

该效果的功能类似于杂色 HLS，其参数如图 9-100 所示。运用该效果后的效果如图 9-101 所示。

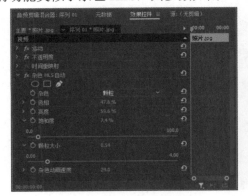

图 9-100　杂色 HLS 自动参数　　　　　　　　　　图 9-101　杂色 HLS 自动效果

6. 蒙尘与划痕

该效果可以将图像中有缺陷的像素融入周围的像素中，从而达到除尘和涂抹的效果，其参数如图 9-102 所示。运用该效果后的效果如图 9-103 所示。

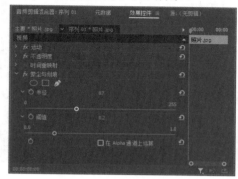

图 9-102　蒙尘与划痕参数

图 9-103　蒙尘与划痕效果

【练习 9-3】去除视频水印

01 新建一个项目，在"项目"面板中导入"LOGO 水印.mp4"素材，如图 9-104 所示。

图 9-104　导入素材

02 将导入的水印视频添加到"时间轴"面板中，将素材放在视频 1 轨道中，如图 9-105 所示。

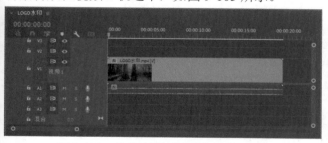

图 9-105　在"时间轴"面板中添加素材

03 在"效果"面板中展开"视频效果"中的"杂色与颗粒"素材箱，选择"中间值 (旧版)"效果，如图 9-106 所示。将其添加到视频轨道中的视频素材上。

图 9-106　选择"中间值 (旧版)"效果

04 在"效果控件"面板中展开"中间值 (旧版)"选项组，单击"创建椭圆形蒙版"按钮○，如图 9-107 所示。然后在"节目监视器"面板中绘制一个椭圆形蒙版，如图 9-108 所示。

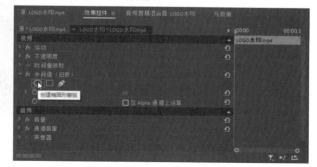

图 9-107　单击"创建椭圆形蒙版"按钮

图 9-108　绘制一个椭圆形蒙版

05 在"中间值(旧版)"选项组中设置"蒙版羽化"的值为 10，"半径"为 50，如图 9-109 所示。

图 9-109　设置蒙版参数

06 设置好"中间值(旧版)"参数后，可以在"节目监视器"面板中预览去除视频水印的对比效果，如图 9-110 和 9-111 所示。

图 9-110　去除视频水印前

图 9-111　去除视频水印后

9.3.6　模糊与锐化效果

在"模糊与锐化"文件夹中包含 8 种效果，如图 9-112 所示，主要用来调整画面的模糊和锐化效果。

1. 复合模糊

该效果可以使"时间轴"面板中指定视频轨道中的素材产生模糊效果，其参数如图 9-113 所示。

图 9-112　"模糊与锐化"效果类型

图 9-113　复合模糊参数

对素材使用复合模糊的对比效果如图 9-114 和图 9-115 所示。

图 9-114　原画面效果

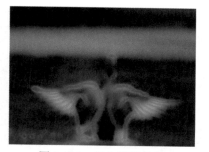

图 9-115　复合模糊效果

2. 方向模糊

该效果可以设置画面的模糊方向和模糊程度，如图 9-116 所示，使画面产生一种运动的效果，如图 9-117 所示。

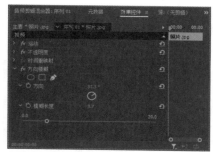

图 9-116　设置方向模糊参数

图 9-117　方向模糊效果

3. 相机模糊

在素材上运用该效果，可以产生图像离开相机焦点范围时产生的"虚焦"效果。在效果参数中可以设置模糊的百分比，如图 9-118 所示。应用该效果时，可以在"效果控件"面板中单击"设置"按钮，然后在打开的"相机模糊设置"对话框中对画面进行实时调节，如图 9-119 所示。

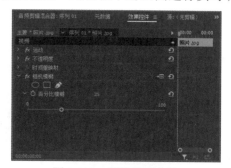

图 9-118　相机模糊参数

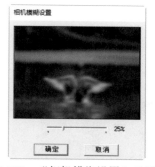

图 9-119　"相机模糊设置"对话框

4. 通道模糊

在素材上运用该效果，可以对素材的不同通道进行模糊，包括对红色、绿色、蓝色和 Alpha 通道模糊程度的调整，如图 9-120 所示。通道模糊的效果如图 9-121 所示。

- 边缘特性：选中该选项中的"重复边缘像素"复选框，可以使图像边缘更透明。

💿 **模糊维度**：用于调整模糊的方向。

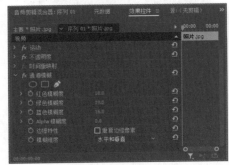

图 9-120　通道模糊参数

图 9-121　通道模糊效果

5. 钝化蒙版

该效果用于调整图像的色彩锐化程度，可以使相邻像素的边缘呈高亮显示，其参数如图 9-122 所示。运用该效果后的效果如图 9-123 所示。

图 9-122　钝化蒙版参数

图 9-123　钝化蒙版效果

💿 **数量**：用于设置锐化程度。

💿 **半径**：用于设置锐化的区域。

💿 **阈值**：用于调整颜色区域。

6. 锐化

在素材上运用该效果，可以通过调节其中的"锐化量"参数，如图 9-124 所示，增加相邻像素间的对比度，使图像变得更清晰。运用该效果后的效果如图 9-125 所示。

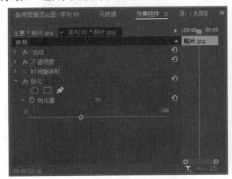

图 9-124　调节锐化参数

图 9-125　锐化效果

7. 高斯模糊

该效果可以大幅度地模糊图像，使其产生虚化效果，其参数如图 9-126 所示。运用该效果后的效果如图 9-127 所示。

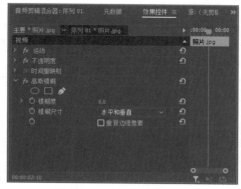

图 9-126　高斯模糊参数

图 9-127　高斯模糊效果

- 模糊度：用于调节和控制模糊程度，值越大，图像越模糊。
- 模糊尺寸：在右方的下拉列表框中可以选择图像的模糊方向，包括"水平和垂直""水平"与"垂直"3 个方向。

9.3.7　沉浸式视频效果

"沉浸式视频"文件夹中包含了 11 种效果，沉浸式视频效果同沉浸式视频过渡效果一样，都是通过虚拟现实技术生成一种模拟环境的视频效果。

9.3.8　生成效果

在"生成"文件夹中包含以下 12 种效果，主要用来创建一些特殊的画面效果，如图 9-128 所示。

1. 书写

应用书写效果可以在素材上进行绘画操作。例如，用户可以通过设置"书写"的位置关键帧和参数，模拟草体文字或签名的手写动作，其参数的设置如图 9-129 所示。

图 9-128　"生成"效果类型

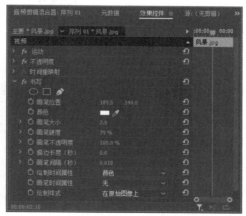

图 9-129　书写参数

- 画笔位置：设置画笔的位置。开启动画功能后，通过设置不同的关键帧可以创建书写效果，如图 9-130 所示。
- 颜色：设置画笔的颜色，默认情况下为白色。
- 画笔大小：设置画笔的大小。
- 画笔硬度：设置画笔的边缘硬度。
- 画笔不透明度：设置画笔的不透明度，默认情况下为 100%。当不透明度为 0 时，画笔将不可见。
- 描边长度（秒）：设置每个画笔标记的持续时间，以秒为单位。如果此值为 0，则画笔标记有无限的持续时间。使用单个恒定的非零值可创建以蛇形方式移动的描边。
- 画笔间隔（秒）：画笔标记之间的时间间隔，以秒为单位。较小的值将产生更平滑的绘制描边，但需要更长的渲染时间。
- 绘制时间属性和画笔时间属性：指定将绘制属性和画笔属性是应用于每个画笔标记还是应用于整个描边。选择"无"，可每次将值应用于描边中的所有画笔标记。为每个画笔标记选择一个属性名称，从而可以在每次绘制画笔标记时保持该属性的值。例如，如果选择"颜色"，则每个画笔标记将保持绘制该标记时由"颜色"值指定的颜色。
- 绘制样式：设置绘制描边与原始图像的交互方式，包括"在原始图像上""在透明背景上"和"显示原始图像"3 种方式，如图 9-131 所示。

图 9-130　创建书写效果

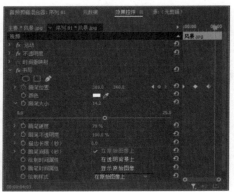

图 9-131　3 种绘制样式

2. 单元格图案

该效果用于在画面中创建蜂巢图案，如图 9-132 所示。通过该效果的参数可以设置图案的类型、大小等，如图 9-133 所示。

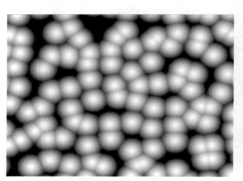

图 9-132　单元格图案效果

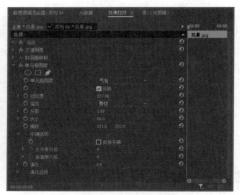

图 9-133　单元格图案参数

- 单元格图案：在其右方的下拉列表中可以选择要使用的单元格图案，如图 9-134 所示。其中 HQ 表示高质量图案，这些图案采用比未标记的对应图案更高的清晰度加以渲染。
- 反转：反转单元格图案，黑色区域变为白色，而白色区域变为黑色，如图 9-135 所示。
- 对比度 / 锐度：当使用"气泡""晶体""枕状""混合晶体"或"管状"单元格图案时，可以调整单元格图案的对比度。当使用"印版""静态板"或"晶格化"单元格图案时，可以调整单元格图案的锐度。
- 溢出：用于重新映射位于灰度范围 0~255 之外的值。如果选择了基于锐度的单元格图案，则"溢出"参数不可用。
- 分散：设置绘制图案的随机程度。较低的值将产生更统一或类似网格的单元格图案。
- 大小：设置单元格的大小，默认大小为 60。
- 偏移：设置单元格图案的偏移坐标。
- 平铺选项：选中"启用平铺"复选框可以创建由重复平铺构成的图案。"水平单元格"和"垂直单元格"确定每个平铺的宽度有多少个单元格以及高度有多少个单元格。
- 演化：此设置将产生随时间推移的图案变化。
- 演化选项：提供的控件用于在一个短周期内渲染效果，然后在剪辑的持续时间内进行循环。使用这些控件可以将单元格图案元素预渲染到循环中，从而加速渲染。

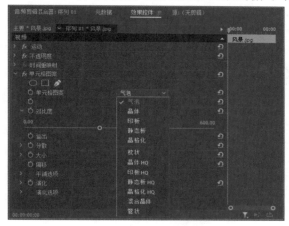

图 9-134　单元格图案类型

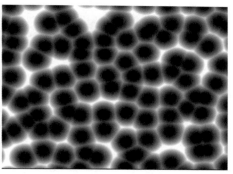

图 9-135　图案反转效果

3. 吸管填充

该效果用于选择画面中的某点颜色以填充整个画面，效果参数中的"采样点"选项用于控制在画面中取样颜色的位置，"采样半径"用于控制取样颜色的范围，如图 9-136 所示。

4. 四色渐变

该效果的功能与吸管填充相似，只是该效果要选择画面中的 4 个颜色点，然后使用这 4 个颜色对画面进行渐变填充，可以设置取样颜色的位置，如图 9-137 所示。

5. 圆形

该效果用于在画面中创建实心圆或圆环，通过该效果的参数可以控制圆的大小和位置，并且可以设置圆与原画面的混合模式，如图 9-138 所示。图 9-139 所示是在"混合模式"下拉列表中选择"叠加"选项的效果。

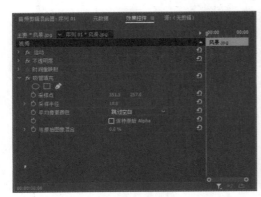

图 9-136 吸管填充参数

图 9-137 四色渐变参数

图 9-138 圆形效果参数

图 9-139 圆形效果

6. 棋盘

该效果用于在画面中创建棋盘图形，通过该效果的参数可以控制棋盘的位置、大小、颜色及羽化效果，并且可以设置棋盘与原画面的混合模式，如图 9-140 所示。图 9-141 所示是"滤色"模式的效果。

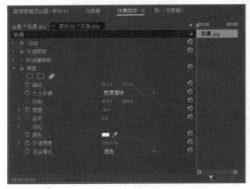

图 9-140 棋盘效果参数

图 9-141 棋盘效果

7. 椭圆

该效果用于在画面中创建一个椭圆形的圆环图形，通过该效果的参数可以控制圆环的大小、位置以及内外径的颜色，如图 9-142 所示。选中"在原始图像上合成"复选框，可以使创建的圆环与原画面进行合成，如图 9-143 所示。

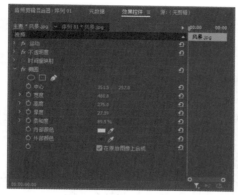

图 9-142　椭圆效果参数

图 9-143　椭圆效果

8. 油漆桶

该效果可以使用一种颜色填充画面中的某个色彩范围，通过该效果的参数可以控制填充的颜色和范围，以及填充颜色与原画面的混合模式，如图 9-144 所示。图 9-145 所示是在画面中心的色彩区域填充红色后的效果。

图 9-144　油漆桶效果参数

图 9-145　油漆桶效果

9. 渐变

该效果用于在画面中创建渐变效果，通过该效果的参数可以控制渐变的颜色，并且可以设置渐变与原画面的混合程度，如图 9-146 所示。例如，设置渐变从黑色到白色，渐变与原始图像的混合比例为 40%，效果如图 9-147 所示。

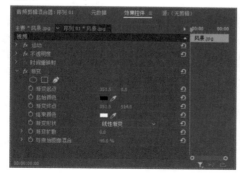

图 9-146　渐变参数

图 9-147　渐变效果

175

10. 网格

该效果用于在画面中创建网格效果，通过该效果的参数可以控制网格的颜色、边框大小、羽化效果等，并且可以设置网格与原画面的混合模式，如图 9-148 所示。在画面中应用网格的效果如图 9-149 所示。

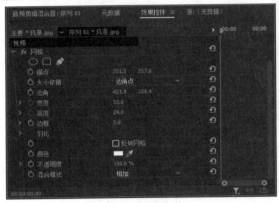

图 9-148　网格参数

图 9-149　网格效果

11. 镜头光晕

该效果用于在画面中创建镜头光晕，模拟强光折射进画面的效果，通过该效果的参数可以设置镜头光晕的坐标、亮度和镜头类型等，如图 9-150 所示。创建镜头光晕的效果如图 9-151 所示。

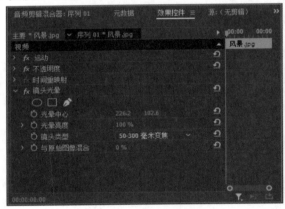

图 9-150　镜头光晕参数

图 9-151　镜头光晕效果

- 光晕中心：用于调整光晕的位置，也可以使用鼠标拖动十字光标来调节光晕的位置。
- 光晕亮度：用于调整光晕的亮度。
- 镜头类型：在右方的下拉列表中可以选择"50-300 毫米变焦""35 毫米定焦"和"105 毫米定焦"3 种类型。其中"50-300 毫米变焦"产生光晕并模仿太阳光的效果；"35 毫米定焦"只产生强光，没有光晕；"105 毫米定焦"产生比前一种镜头更强的光。

12. 闪电

该效果用于在画面中创建闪电效果，通过"效果控件"面板可以设置闪电的起始点和结束点以及闪电的波幅等参数，如图 9-152 所示。应用该效果后得到的效果如图 9-153 所示。

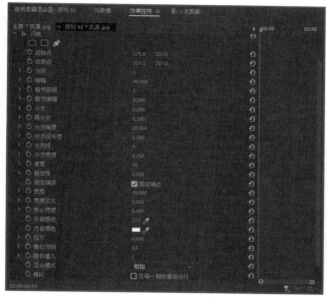

图 9-152 闪电效果参数

图 9-153 闪电效果

- 起始点：用于设置闪电开始点的位置。
- 结束点：用于设置闪电结束点的位置。
- 分段：用于设置闪电光线的数量。
- 振幅：用于设置闪电光线的振幅。
- 细节级别：用于设置光线颜色的色阶。
- 细节振幅：用于设置光线波的振幅。
- 分支：用于设置每束光线的分支。
- 再分支：用于设置再分支的位置。
- 分支角度：用于设置光线分支的角度。
- 分支段长度：用于设置光线分支的长度。
- 分支段：用于设置光线分支的数目。
- 分支宽度：用于设置光线分支的粗细。
- 速度：用于设置光线变化的速率。
- 稳定性：用于设置固定光线的数值。
- 固定端点：通过设置的值对结束点的位置进行调整。
- 宽度：用于设置光线的粗细。
- 宽度变化：用于设置光线粗细的变化。
- 核心宽度：用于设置光源的中心宽度。
- 外部颜色：用于设置光线外部的颜色。
- 内部颜色：用于设置光线内部的颜色。
- 拉力：用于设置光线推拉时的数值。
- 拖拉方向：用于设置光线推拉时的角度。
- 随机植入：用于设置光线辐射变化时的速度级别。
- 混合模式：用于设置光线和背景的混合模式。
- 模拟：选中"在每一帧处重新运行"复选框，可以在每一帧上都重新运行。

01 新建一个项目，在"项目"面板中导入"建筑.mp4"和"霹雳声.mp3"素材，如图9-154所示。

图9-154　导入素材

02 新建一个序列，将"建筑.mp4"素材添加到"时间轴"面板的视频1轨道中，如图9-155所示。

图9-155　在"时间轴"面板中添加视频素材

03 在第0秒27帧、第1秒2帧的位置，对视频素材进行切割，将视频素材分为3段，如图9-156所示。

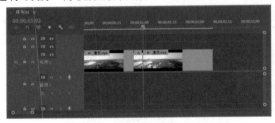

图9-156　将视频素材分为3段

 提示

这里将视频素材分为了3段，其目的是只在中间段素材的时间位置给视频添加闪电效果，这样闪电霹雳效果会更自然。

04 在"效果"面板中展开"视频效果"中的"生成"素材箱，选择"闪电"效果，如图9-157所示。将"闪

电"效果添加到视频1轨道中的第二段视频素材上。

图9-157　选择"闪电"选项

05 选择视频1轨道中的第二段视频素材，在"效果控件"面板中展开"闪电"选项组，设置闪电的各个参数如图9-158所示。

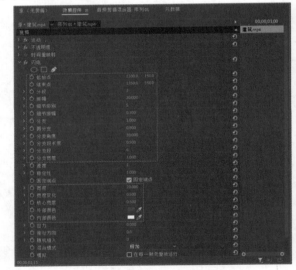

图9-158　设置闪电参数

06 将音频素材添加到音频1轨道中，设置入点在第0秒27帧的位置，如图9-159所示。

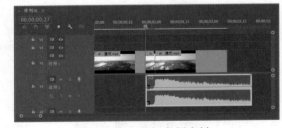

图9-159　添加音频素材

07 向左拖动音频素材的出点，适当调整音频素材的长度，如图 9-160 所示。

图 9-160　调整音频长度

08 在"节目监视器"面板中进行影片预览，效果如图 9-161 所示。

图 9-161　预览闪电效果

9.3.9　调整

在"调整"文件夹中包含 5 种效果，如图 9-162 所示，主要用于对素材进行明暗度调整，以及对素材添加光照效果。

1. ProcAmp 效果

ProcAmp 效果模仿标准电视设备上的处理放大器。此效果调整剪辑图像的亮度、对比度、色相、饱和度以及拆分百分比，参数如图 9-163 所示。

图 9-162　"调整"效果类型

图 9-163　ProcAmp 效果参数

2. 光照效果

此效果可以在素材上应用光照效果，最多可采用 5 个光照来产生有创意的光照，如图 9-164 所示。"光照效果"可用于控制光照属性，如光照类型、方向、强度、颜色、光照中心和光照传播。还有一个"凹凸层"控件可以使用其他素材中的纹理或图案产生特殊的光照效果。光照效果的参数如图 9-165 所示。

图 9-164　光照效果

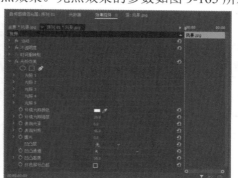

图 9-165　光照效果参数

3. 卷积内核

卷积内核效果根据称为卷积的数学运算来更改素材中每个像素的亮度值，如图 9-166 所示。卷积将数值矩阵叠加到像素矩阵上，将每个底层像素的值乘以叠加它的数值，并将中心像素的值替换为所有这些乘积的总和。

卷积内核设置包括一组控件，各控件表示 3×3 像素网格中的单元格，控件上的标签以字母 "M" 开头，表示在矩阵中的位置，如图 9-167 所示。例如，M11 控件影响网格第一行第一列中的单元格；M32 控件影响第三行第二列中的单元格。所计算的像素会进入网格的中心，位于 M22 位置。使用此效果可对各种浮雕、模糊和锐化效果的属性进行微调控制。对于给定的效果，应用卷积内核预设之一并对其进行修改比使用卷积内核效果本身从头开始创建效果更方便。

图 9-166　卷积内核效果

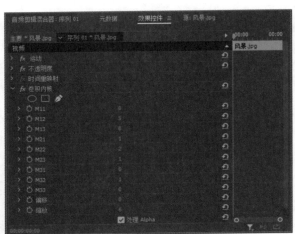

图 9-167　卷积内核效果参数

4. 提取

提取效果从视频剪辑中移除颜色，从而创建灰度图像。明亮度值小于输入黑色阶或大于输入白色阶的像素将变为黑色，如图 9-168 所示。该效果的参数设置如图 9-169 所示。

5. 色阶

色阶效果控制剪辑的亮度和对比度。此效果结合了颜色平衡、灰度系数校正、亮度与对比度和反转效果的功能。

图 9-168　提取效果

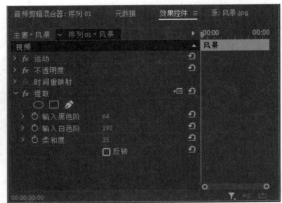

图 9-169　提取效果参数

9.3.10　过时

在"过时"文件夹中包含了 12 种效果，如图 9-170 所示，主要用于对素材进行专业质量的颜色分级和颜色校正。下面介绍几种主要的"过时"效果类型。

1. RGB 曲线

该效果通过曲线参数调节图像的 R(红)、G(绿)、B(蓝) 值，其参数如图 9-171 所示。

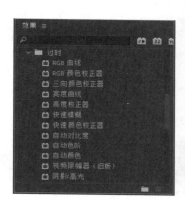

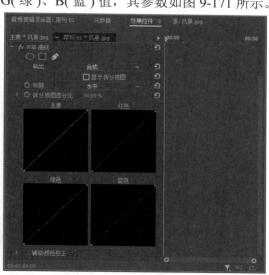

图 9-170　"过时"效果类型

图 9-171　RGB 曲线参数

例如，增强图 9-172 中的 R(红色) 值后，可以得到如图 9-173 所示的效果。

图 9-172　原画面效果

图 9-173　增强红色后的效果

2. RGB 颜色校正器

RGB 颜色校正器用于校正图像的色彩，其参数如图 9-174 所示。

3. 三向颜色校正器

同 RGB 颜色校正器一样，三向颜色校正器用于校正图像的色彩，其参数如图 9-175 所示。

4. 亮度曲线

该效果可以通过曲线形式调整素材的亮度，其参数如图 9-176 所示。原画面效果如图 9-177 所示，增强亮度后的效果如图 9-178 所示。

181

图 9-174　RGB 颜色校正器参数

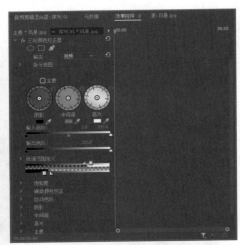

图 9-175　三向颜色校正器参数

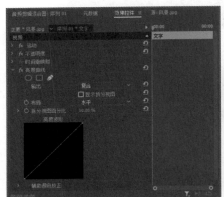

图 9-176　亮度曲线参数

图 9-177　原画面效果

图 9-178　增强亮度后的效果

9.3.11　过渡

视频效果中的"过渡"效果与视频过渡中对应的"过渡"效果在效果表现上相似。不同的是前者在自身图像上进行溶解过渡，后者是在前后两个素材间进行溶解过渡。该类效果包含 5 种过渡效果，如图 9-179 所示。

9.3.12　透视

在"透视"文件夹中包含 5 种效果，如图 9-180 所示，主要用于对素材添加透视效果。

图 9-179　"过渡"效果类型

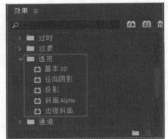

图 9-180　"透视"效果类型

1. 基本 3D

运用该效果可以在一个虚拟的三维空间中操作图像。对素材运用"基本 3D"效果，素材可以在虚拟空间中绕水平轴和垂直轴转动，还可以产生图像运动的效果。用户还可以在图像上增加反光，产生更逼真的效果，如图 9-181 所示。基本 3D 效果的各项参数如图 9-182 所示。

图 9-181　基本 3D 效果

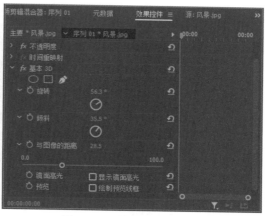

图 9-182　基本 3D 效果参数

- 旋转：控制水平旋转的角度。
- 倾斜：控制垂直旋转的角度。
- 与图像的距离：设定图像移近或移远的距离。
- 镜面高光：在图像中加入光线，看起来就好像在图像的上方发生一样。
- 预览：选中该选项后面的复选框，在对图像进行操作时，图像就会以线框的形式显示，加快预览速度。

2. 投影

在素材上运用该效果，可以为画面添加投影效果，如图 9-183 所示，该效果的参数如图 9-184 所示。

- 阴影颜色：用于设置阴影的颜色。
- 不透明度：用于设置阴影的透明度。
- 方向：用于设置阴影与画面的相对方向。
- 距离：用于设置阴影与画面的相对位置距离。
- 柔和度：用于设置阴影的柔化程度。
- 仅阴影：选中该选项后面的复选框，表示只显示阴影部分。

图 9-183　投影效果

图 9-184　投影效果参数

3. 斜面 Alpha

在素材上运用该效果，可以使图像四周产生斜边框的三维立体效果，其边缘产生的设置由 Alpha 通道决定。4 个边缘的厚度是一样的，给人比较坚硬的感觉，如图 9-185 所示，其参数如图 9-186 所示。

图 9-185　斜面 Alpha 效果

图 9-186　斜面 Alpha 效果参数

- 边缘厚度：用于设置斜边边缘的厚度。
- 光照角度：用于设置光线的角度。
- 光照颜色：用于选择光线的颜色。
- 光照强度：用于设置斜边边缘的光线强度，强度值越高，产生的立体感就越强；反之，平面感就越强。

4. 其他透视效果

在"透视"效果文件夹中还包括径向阴影和边缘斜面效果，径向阴影与投影效果的功能相似，只是投影的方向不同；边缘斜面与斜面 Alpha 的功能相似。

9.3.13　通道

"通道"文件夹中包含各种效果，这些效果可以组合两个素材，在素材上面覆盖颜色，或者调整素材的红色、绿色和蓝色通道，如图 9-187 所示。

1. 反转

该效果能够反转颜色值。将黑色转变成白色，将白色转变成黑色，颜色都变成相应的补色，其参数如图 9-188 所示。

图 9-187　"通道"效果类型

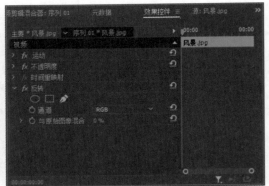

图 9-188　"反转"效果参数

- 通道：在右侧下拉列表中可以选择 RGB、HLS、YIQ 和 Alpha 等颜色模式。YIQ 是 NTSC 颜色空间，其中 Y 代表亮度，I 代表相位色度，Q 代表正交色度。
- 与原始图像混合：设置该参数可以对通道效果和原始图像进行混合。

2. 复合运算

该效果通常与需要使用"复合运算"效果的 After Effects 项目一起使用，它通过数学运算，使用图层来创建组合效果。该效果的控件用来决定原始图层和第二来源层的混合方式，其参数如图 9-189 所示。

3. 混合

应用该效果可以通过不同模式来混合视频轨道，模式有"交叉淡化""仅颜色""仅色彩""仅变暗"和"仅变亮"，其参数如图 9-190 所示。

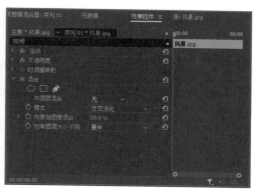

图 9-189 "复合运算"效果参数　　　　　图 9-190 "混合"效果参数

4. 算术

该效果基于算术运算来修改素材的红色、绿色和蓝色值。修改颜色值的方法由"运算符"下拉列表中选中的选项决定。要使用"算术"效果，首先设置"运算符"下拉列表中的选项，然后调整红色、绿色和蓝色值，其参数如图 9-191 所示。

5. 计算

该效果可以使用素材通道和各种"混合模式"将不同轨道中的两个视频素材结合到一起。可以选择使用的覆盖素材的通道包括：合成通道 (RGBA)；红色、绿色或蓝色通道；或者灰度或 Alpha 通道，其参数如图 9-192 所示。

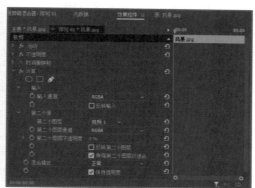

图 9-191 "算术"效果参数　　　　　图 9-192 "计算"效果参数

6. 设置遮罩

该效果能够组合两个素材，从而创建移动蒙版效果，其参数如图 9-193 所示。要使用设置遮罩效果，需要将两个视频素材放到"时间轴"面板中不同的视频轨道上，其中一个位于另一个的上方。图 9-194 所示的是对视频 2 轨道上的树叶素材应用"设置遮罩"后的效果。

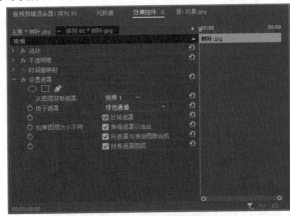

图 9-193　"设置遮罩"效果参数

图 9-194　应用"设置遮罩"后的效果

9.3.14　键控

"键控"类效果用于创建各种叠加特效，其中包括"Alpha 调整""亮度键""图像遮罩键""颜色键"等 9 种键控效果。这些效果将在第 10 章中详细介绍。

9.3.15　颜色校正

在"颜色校正"效果文件夹中包含了 12 种效果，如图 9-195 所示，主要用来校正画面的色彩。下面介绍该效果的几种常用类型。

1. 亮度与对比度

该效果用于调整素材的亮度和对比度，并同时调整所有像素的亮部、暗部和中间色。该效果的参数如图 9-196 所示。

图 9-195　"颜色校正"效果类型

图 9-196　"亮度与对比度"效果参数

2. 通道混合器

该效果使用当前颜色的混合值来修改颜色通道，以产生其他色彩调节难以实现的效果，其参数如图9-197所示。在参数设置中，以红色开头的参数表示最终效果用于红色通道，以绿色开头的参数表示最终效果用于绿色通道，以蓝色开头的参数表示最终效果用于蓝色通道。

3. 颜色平衡

该效果用于调整素材的色彩。应用该效果后，在"效果控件"面板中的参数如图9-198所示。

- 阴影红色平衡、阴影绿色平衡、阴影蓝色平衡：用于调节阴影的RGB(红绿蓝)色彩平衡。
- 中间调红色平衡、中间调绿色平衡、中间调蓝色平衡：用于调节中间阴影的RGB(红绿蓝)色彩平衡。
- 高光红色平衡、高光绿色平衡、高光蓝色平衡：用于调节高光的RGB(红绿蓝)色彩平衡。

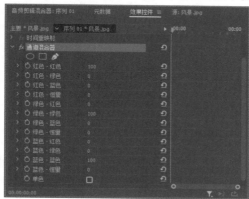

图 9-197　"通道混合器"效果参数

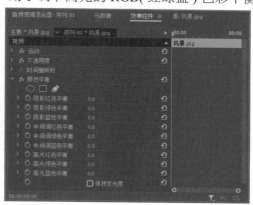

图 9-198　"颜色平衡"效果参数

【练习9-5】蓝色海洋

01 新建一个项目文件和一个序列。然后导入"大海.mp4"素材，如图9-199所示。

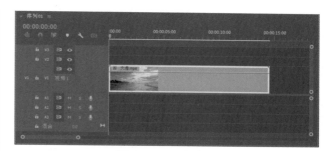

图 9-200　添加素材

图 9-199　导入素材

02 将"大海.mp4"素材添加到序列视频1轨道中，如图9-200所示。

03 在"效果"面板中选择"视频效果"|"颜色校正"|"颜色平衡"效果，然后将该效果添加到序列中的视频素材上，如图9-201所示。

图 9-201　选择添加到素材上的效果

04 选择序列中的视频素材，然后在"效果控件"面板中展开"颜色平衡"选项组，设置"阴影蓝色平衡""中间调蓝色平衡""高光蓝色平衡"的值都为15，如图9-202所示。

图9-202 设置效果参数

05 在"节目监视器"面板中进行影片预览，效果如图9-203所示。

图9-203 影片效果

9.3.16 风格化

在"风格化"文件夹中包含13种效果，如图9-204所示，主要用于在素材上制作辉光、浮雕、马赛克、纹理等效果。下面介绍该效果的几种常用类型。

1. Alpha 发光

该效果对含有通道的素材起作用，在通道的边缘部分产生一圈渐变的辉光效果，可以在单色的边缘处或者在边缘运动时变成两种颜色，其参数如图9-205所示。

- 发光：用于调节辉光的伸展长度。
- 亮度：用于设置辉光的亮度。
- 起始颜色：用于设置辉光内圈的色彩。
- 结束颜色：用于设置辉光的过渡色彩。
- 淡出：选中该复选框，在设定淡出的情况下，两种颜色会被柔化；在未设定淡出的情况下，将逐渐淡化到透明。

图9-204 "风格化"效果类型

图9-205 "Alpha 发光"效果参数

2. 复制

在素材上运用该效果，可将整个画面复制成若干区域画面，每个区域都将显示完整的画面效果，如图9-206 所示。在效果的参数中可以设置复制的数量，如图9-207 所示。

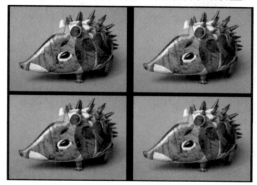

图 9-206　复制效果

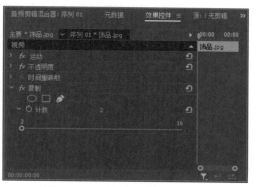

图 9-207　"复制"效果参数

3. 彩色浮雕

在素材上运用该效果，可以将画面变成浮雕的样子，但并不影响画面的初始色彩，产生的效果和浮雕效果类似，如图9-208 所示。该效果的参数如图9-209 所示。

图 9-208　彩色浮雕效果

图 9-209　"彩色浮雕"效果参数

- 方向：用于设置浮雕的方向角度。
- 起伏：用于设置浮雕产生的幅度。
- 对比度：用于设置浮雕产生的对比度强弱。
- 与原始图像混合：用于设置浮雕与原画面混合的百分比。

4. 曝光过度

在素材上运用该效果，可以将画面处理成冲洗底片时的效果，如图9-210 所示。效果参数中的"阈值"选项用于调整曝光度，如图9-211 所示。

5. 查找边缘

在素材上运用该效果，可以对图像的边缘进行勾勒，并用线条表示，如图9-212 所示。该效果的参数如图9-213 所示。

- 反转：选择该选项，所有的颜色将成为各自的补色。
- 与原始图像混合：用于设置产生的效果画面与原图的混合比。

图 9-210 曝光过度效果

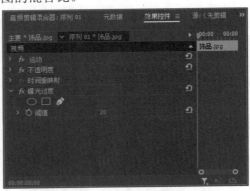

图 9-211 "曝光过度"效果参数

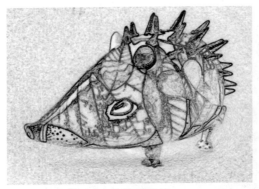

图 9-212 查找边缘效果

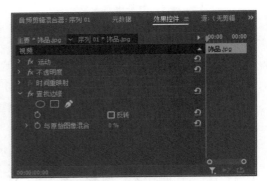

图 9-213 "查找边缘"效果参数

6. 浮雕

在素材上运用该效果，可以在画面上产生浮雕效果，同时摒弃原图的颜色，如图 9-214 所示，其参数如图 9-215 所示。

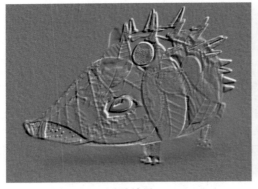

图 9-214 浮雕效果

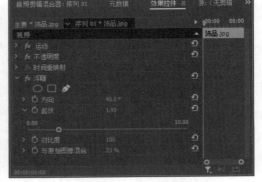

图 9-215 "浮雕"效果参数

7. 纹理

在素材上运用该效果，可以改变一个素材的材质效果，如图 9-216 所示。在参数中可以控制材质的厚度和光源，如图 9-217 所示。

- 纹理图层：用于设置作为纹理的素材所在的轨道。
- 光照方向：用于设置光照的方向。
- 纹理对比度：用于设置纹理的对比度。
- 纹理位置：用于选择置入纹理的类型。

图 9-216　纹理效果

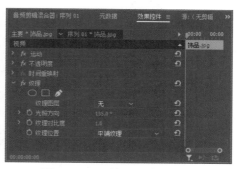

图 9-217　"纹理"效果参数

8. 马赛克

在素材上运用该效果，可以在画面上产生马赛克效果。将画面分成若干网格，每一格都用本格内所有颜色的平均色进行填充，如图 9-218 所示。该效果的参数如图 9-219 所示。

- 水平块：用于设置水平方向上分割格子的数目。
- 垂直块：用于设置垂直方向上分割格子的数目。
- 锐化颜色：用于对颜色进行锐化。

图 9-218　马赛克效果

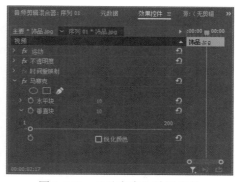

图 9-219　"马赛克"效果参数

9.4　本章小结

本章介绍了 Premiere Pro 2021 视频效果的相关知识和应用方法，读者需要了解常用视频效果的功能，重点掌握视频效果的管理操作，以及为素材添加视频效果和设置效果参数的方法。

9.5　思考与练习

1. Premiere 中提供的视频效果存放在"效果控件"面板的_____文件夹中。

2. 高斯模糊属于_____类型的视频效果。

3. 将选择的视频效果拖到_____面板的素材上，即可在该素材上应用所选择的效果。

4. 在素材上运用_____效果，可以使图像的 4 个顶点发生位移，以达到变形画面的效果。

5. 在素材上运用_____效果，可以将画面变成浮雕的样子，但并不影响画面的初始色彩，产生的效果和浮雕效果类似。

6. 对素材添加视频效果后，如何禁用该效果？

7. 对素材添加视频效果后，如何删除该效果？

8. 视频效果中的"过渡"效果与视频过渡中对应的"过渡"效果有何不同？

9. 创建一个项目和序列，练习在素材上应用各种视频效果，并在"效果控件"面板中添加和设置关键帧，查看视频的变化效果。

第10章 视频抠像与合成

如果在视频 2 轨道上放置一段视频影像或一张静态图片，在视频 1 轨道上放置另一段视频影像或另一张静态图片，那么在节目窗口中只能看到视频 2 轨道上的图像，如果想要看到视频 1 轨道上的图像，就需要对视频 2 轨道上的图像进行隐藏或抠像操作。本章将介绍视频抠像与合成的方法，素材抠像与合成效果的创建可以通过 Premiere 的"视频效果"|"键控"效果来实现。

本章重点

- 视频抠像与合成基础
- 设置画面的不透明度
- "键控"抠像效果

二维码教学视频

【练习 10-1】创建闪烁的星光
【练习 10-2】制作古堡精灵
【练习 10-3】制作轨道遮罩效果
【练习 10-4】飞行的小孩

10.1 视频抠像与合成基础

在学习视频合成技术之前，首先要了解视频合成与抠像的基础知识。下面介绍视频合成的方法和抠像的相关知识。

10.1.1 视频合成的方法

进行影片合成的主要方法是通过不同轨道的素材进行叠加，一种是对其不透明度进行调整；另一种则是通过键控 (即抠像) 合成。

10.1.2 认识抠像

在电视、电影行业中，非常重要的一项工作就是抠像。通过抠像技术可以任意更换背景，这就是影视中经常看到的奇幻背景或惊险镜头的制作方法。

抠像的原理非常简单，就是将背景的颜色抠除，只保留主体对象，这样就可以进行视频合成等处理，如图 10-1、图 10-2、图 10-3 所示。

图 10-1　视频 2 轨道图像

图 10-2　视频 1 轨道图像

图 10-3　抠像效果

10.2 设置画面的不透明度

在影视后期制作过程中，可以通过调整素材的不透明度，在各个视频轨道间进行素材的混合。用户可以在"时间轴"面板或"效果控件"面板中设置素材的不透明度。

10.2.1 在"效果控件"面板中设置不透明度

在"效果控件"面板中展开"不透明度"选项组，可以设置所选素材的不透明度。通过添加并设置不透明度的关键帧，可以创建视频画面的渐隐渐现效果。

【练习 10-1】创建闪烁的星光

01 新建一个项目和一个序列，并在"项目"面板中导入夜空和星光素材，如图 10-4 所示。

02 将导入的素材分别拖到"时间轴"面板中的视频 1、视频 2 和视频 3 轨道上，并确保视频轨道上两个素材的出入点对齐，如图 10-5 所示。

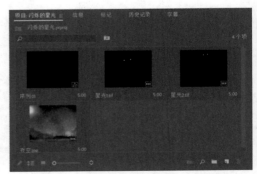
图 10-4　导入素材

图 10-5　在视频轨道中添加素材

03 选中视频 2 轨道中的素材，在"效果控件"面板中展开"不透明度"选项组，在第 0 秒的时间位置为"不透明度"选项添加一个关键帧，如图 10-6 所示。此时在"节目监视器"面板中预览到的效果如图 10-7 所示。

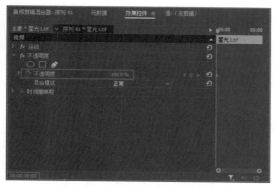

图 10-6　添加不透明度关键帧

图 10-7　不透明度效果

04 在第 1 秒的时间位置为"不透明度"选项添加一个关键帧，并设置不透明度为 45%，如图 10-8 所示。此时在"节目监视器"面板中预览到的效果如图 10-9 所示。

05 选择创建好的两个关键帧，按下 Ctrl+C 快捷键对关键帧进行复制，然后将时间轴移到第 2 秒的位置，再按下 Ctrl+V 快捷键对关键帧进行粘贴，如图 10-10 所示。

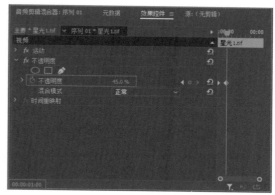

图 10-8　设置不透明度关键帧

图 10-9　不透明度效果

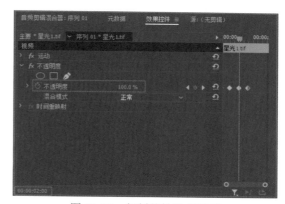

图 10-10　复制并粘贴关键帧

06 将时间轴移到第 4 秒的位置，然后按下 Ctrl+V 快捷键对刚才复制的两个关键帧进行粘贴，如图 10-11 所示。

07 选中视频 3 轨道中的素材，在"效果控件"面板中展开"不透明度"选项组，在第 0 秒的时间位置为"不透明度"选项添加一个关键帧，设置该关键帧的不透明度为 45%，如图 10-12 所示。此时在"节目监视器"面板中预览到的效果如图 10-13 所示。

195

图 10-11　粘贴关键帧

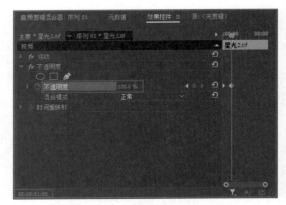

图 10-14　设置不透明度关键帧

09 选择创建好的两个关键帧，按下 Ctrl+C 快捷键对关键帧进行复制。然后在第 2 秒和第 4 秒的位置，分别按下 Ctrl+V 快捷键对关键帧进行粘贴，如图 10-15 所示。

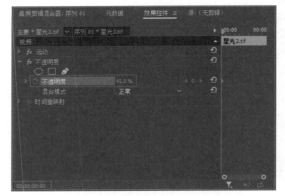

图 10-12　设置不透明度关键帧

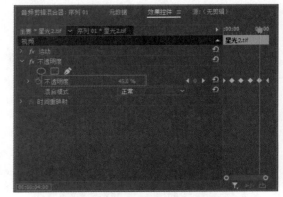

图 10-15　复制并粘贴关键帧

10 在"节目监视器"面板中单击"播放 - 停止切换"按钮 ▶ 播放影片，可以预览添加了过渡效果的影片效果，如图 10-16 所示。

图 10-13　不透明度效果

08 在第 1 秒的时间位置为"不透明度"选项添加一个关键帧，并设置不透明度为 100%，如图 10-14 所示。

图 10-16　预览影片的过渡效果

● 10.2.2　在"时间轴"面板中设置不透明度

　　将素材添加到"时间轴"面板的视频轨道中，然后拖动轨道的上边缘展开该轨道，可以在素材上看到一条横线，这条横线用于控制素材的不透明度，如图 10-17 所示。上下拖动横线，可以调整该素材的不透明度，如图 10-18 所示。

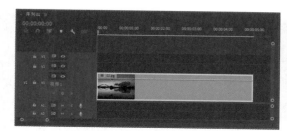

图 10-17　显示不透明度控制线

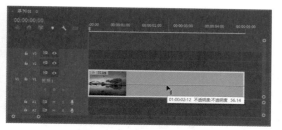

图 10-18　调整不透明度

【练习 10-2】制作古堡精灵

01 新建一个名为"古堡精灵"的项目文件和一个序列，然后导入背影和古堡素材，如图 10-19 所示。

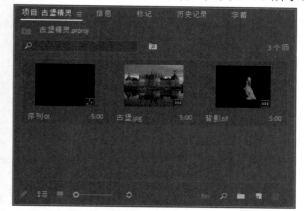

图 10-19　导入素材

02 将古堡素材添加到"时间轴"面板的视频 1 轨道中，将背影素材添加到"时间轴"面板的视频 2 轨道中，并展开视频轨道，如图 10-20 所示。

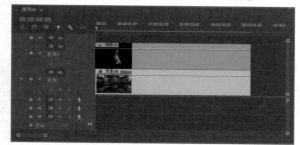

图 10-20　在视频轨道中添加素材

03 在"节目监视器"面板中预览视频，效果如图 10-21 所示。

04 在"时间轴"面板中将时间指示器移到第 0 秒的位置，然后在"时间轴"面板中单击"添加 - 移除关键帧"按钮，添加一个关键帧，如图 10-22 所示。

图 10-21　视频预览效果

图 10-22　添加关键帧

05 在第 1 秒的位置添加一个关键帧，并将该关键帧向下拖动，将该帧图形的不透明度修改为 0，如图 10-23 所示。

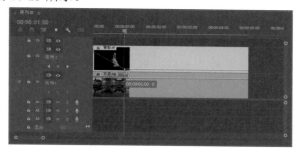

图 10-23　添加并设置关键帧

06 在"节目监视器"面板中预览视频，效果如图 10-24 所示。

图 10-24　视频预览效果

07 在第 2 秒、第 3 秒、第 4 秒和第 5 秒的位置各添加一个关键帧，如图 10-25 所示。

图 10-25　添加关键帧

08 将第 2 秒和第 4 秒的关键帧向上拖动，使这两帧图形的不透明度为 100%，如图 10-26 所示。

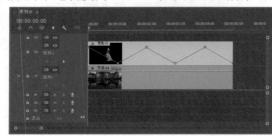

图 10-26　拖动关键帧

09 在"效果控件"面板中展开"运动"选项组，启用"位置"和"缩放"选项的动画功能，并在第 0 秒的位置分别为"位置"和"缩放"选项添加一个关键帧，如图 10-27 所示。

图 10-27　添加并设置关键帧

10 在第 5 秒的位置分别为"位置"和"缩放"选项添加一个关键帧，并设置位置坐标为 (130, 200)、缩放值为 60，如图 10-28 所示。

图 10-28　添加并设置关键帧

11 在"节目监视器"面板中单击"播放 - 停止切换"按钮 ，预览视频中背影的渐隐渐现效果，如图 10-29 所示。

图 10-29　预览背影的渐隐渐现效果

10.3　"键控"抠像效果

在"键控"文件夹中包含 9 种效果，如图 10-30 所示，下面介绍在两个重叠的素材上运用各种叠加效果的方法。

10.3.1　Alpha 调整

对素材运用该效果，可以按前面画面的灰度等级来决定叠加的效果，"效果控件"面板中的参数如图 10-31 所示。

- 不透明度：用于调整画面的不透明度。
- 忽略 Alpha：选中该复选框后，将忽略 Alpha 通道效果。
- 反转 Alpha：选中该复选框后，将对 Alpha 通道进行反向处理。
- 仅蒙版：选中该复选框后，前景素材仅作为蒙版使用。

图 10-30　"键控"效果类型

图 10-31　"Alpha 调整"效果参数

在素材上运用该效果后，通过调整"效果控件"面板中的不透明度，可以修改叠加的效果。将如图 10-32 和图 10-33 所示的素材应用 Alpha 调整效果后的效果如图 10-34 所示。

图 10-32　轨道 1 素材

图 10-33　轨道 2 素材

图 10-34　Alpha 调整效果

10.3.2　亮度键

该效果在对明暗对比十分强烈的图像进行画面叠加时非常有用。在素材上运用该效果，可以将被叠加图像的灰度值设为透明，而且保持色度不变，如图 10-35 所示。该效果的参数如图 10-36 所示。

图 10-35　亮度键效果

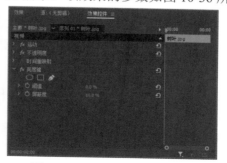

图 10-36　"亮度键"效果参数

- 阈值：用于指定透明度的临界值。较高的值会增加透明度的范围。
- 屏蔽度：用于设置由"阈值"滑块指定的不透明区域的不透明度。

10.3.3 图像遮罩键

该效果根据静止图像素材(充当遮罩)的明亮度值抠出素材图像的区域。透明区域显示下方视频轨道中的素材产生的图像。用户可以指定项目中的任何静止图像素材来充当遮罩图像。图像遮罩键可根据遮罩图像的 Alpha 通道或亮度值来确定透明区域，如图 10-37、图 10-38 和图 10-39 所示。

图 10-37　叠加素材　　　　图 10-38　遮罩素材　　　图 10-39　遮罩显示背景效果

10.3.4 差值遮罩

用该效果创建透明度的方法是将源素材和差值素材进行比较，然后在源图像中抠出与差值图像中的位置和颜色均匹配的像素，如图 10-40 到图 10-43 所示。

图 10-40　原始图像　　图 10-41　背景图像　　图 10-42　上方轨道的图像　　图 10-43　合成图像

为素材添加"差值遮罩"效果后，"效果控件"面板中的效果参数如图 10-44 所示。

- 视图：用于指定"节目监视器"显示"最终输出""仅限源"还是"仅限遮罩"。
- 差值图层：用于指定要用作遮罩的轨道。
- 如果图层大小不同：用于指定将前景图像居中还是对其进行拉伸。
- 匹配容差：用于指定遮罩必须在多大程度上匹配前景色才能被抠像。
- 匹配柔和度：用于指定遮罩边缘的柔和程度。
- 差值前模糊：用于指定添加到遮罩的模糊程度。

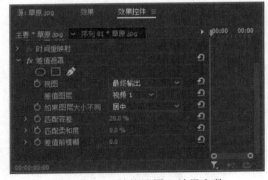

图 10-44　"差值遮罩"效果参数

注意

差值遮罩效果通常用于抠出移动物体后面的静态背景，然后放在不同的背景上。差值素材通常仅指背景素材的帧(在移动物体进入场景之前)。因此，差值遮罩效果最适合使用固定摄像机和静止背景拍摄的场景。

10.3.5　轨道遮罩键

该效果通过一个素材（叠加的素材）显示另一个素材（背景素材），此过程中使用第三个图像作为遮罩，在叠加的素材中创建透明区域。此效果需要两个素材和一个遮罩，每个素材位于自身的轨道上。遮罩中的白色区域在叠加的素材中是不透明的，以防止底层素材显示出来。遮罩中的黑色区域是透明的，而灰色区域是部分透明的。

【练习 10-3】制作轨道遮罩效果

01 新建一个名为"轨道遮罩"的项目文件和一个序列，然后将背景、叠加和遮罩素材导入"项目"面板中，如图 10-45 所示。

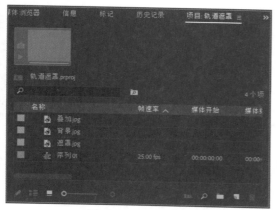

图 10-45　导入素材

02 将"项目"面板中的背景、叠加和遮罩素材依次添加到"时间轴"面板中的视频 1 轨道、视频 2 轨道和视频 3 轨道中，如图 10-46 所示。

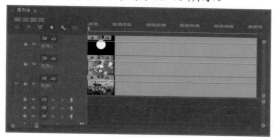

图 10-46　在视频轨道中添加素材

03 选择"窗口"|"效果"命令，打开"效果"面板。展开"键控"文件夹，选择"轨道遮罩键"效果，如图 10-47 所示。

04 将"轨道遮罩键"效果拖到视频轨道中的叠加素材上，然后在"效果控件"面板中设置"遮罩"的轨道为"视频 3"，"合成方式"为"亮度遮罩"，如图 10-48 所示。

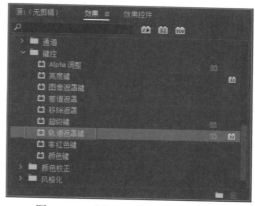

图 10-47　选择"轨道遮罩键"效果

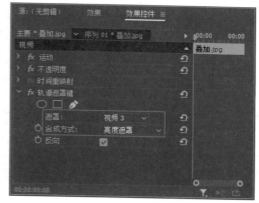

图 10-48　设置参数

提示

使用轨道遮罩键效果可以模糊和遮蔽人物面部、车牌号或其他身份特征，电视节目使用此效果可保护采访对象的身份。

05 在"节目监视器"面板中预览"轨道遮罩键"的视频效果，如图 10-49 所示。

06 在"效果控件"面板中选中"轨道遮罩键"视频效果中的"反向"复选框，在"节目监视器"面板中预览"轨道遮罩键"的视频效果，如图 10-50 所示。

图 10-49 轨道遮罩键效果

图 10-50 反向效果

10.3.6 颜色键

　　该效果用于抠出所有类似于指定的主要颜色的图像像素。此效果仅修改素材的 Alpha 通道。在该效果的参数设置中，可以通过调整容差级别来控制透明颜色的范围，也可以对透明区域的边缘进行羽化，以便创建透明和不透明区域之间的平滑过渡，该效果的参数如图 10-51 所示。单击"主要颜色"选项右方的颜色图标，可以打开"拾色器"对话框，在其中对需要指定的颜色进行设置，如图 10-52 所示。

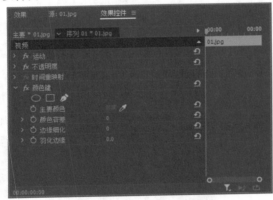

图 10-51 "颜色键"效果参数

图 10-52 设置颜色

　　抠出素材中的颜色值时，该颜色或颜色范围将变得对整个素材透明。对图 10-53 和图 10-54 所示的素材进行合成后的效果如图 10-55 所示。

图 10-53 素材 1

图 10-54 素材 2

图 10-55 合成效果

【练习 10-4】飞行的小孩

01 新建一个项目文件，然后将素材导入"项目"面板中，如图 10-56 所示。

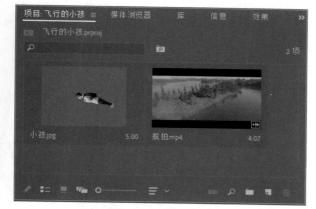

图 10-56　导入素材

02 新建一个序列，设置序列的帧大小为 1920×1080，如图 10-57 所示。

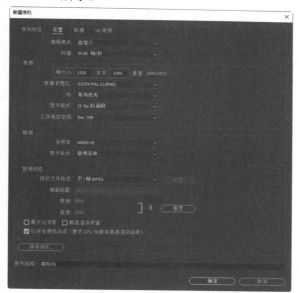

图 10-57　新建序列

03 将"航拍 .mp4"素材添加到"时间轴"面板的视频 1 轨道中，并在第 0 秒 24 帧的位置对素材进行切割，如图 10-58 所示。

04 将切割后的后半部分素材删除，然后设置剩余素材的"速度"值为 55%，如图 10-59 所示。

05 将"小孩 .jpg"素材添加到"时间轴"面板的视频 2 轨道中，并调整该素材的出点与视频 2 轨道中素材的出点对齐，如图 10-60 所示。

图 10-58　切割素材

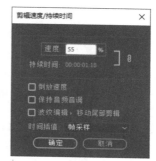

图 10-59　设置素材的速度

图 10-60　添加并调整素材出点

06 打开"效果"面板，然后选择"视频效果"|"键控"|"颜色键"选项，如图 10-61 所示。

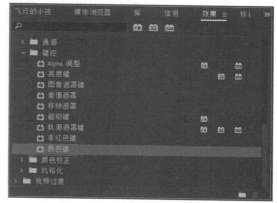

图 10-61　选择"颜色键"选项

07 将"颜色键"效果拖到视频 2 轨道中的素材上，然后在"效果控件"面板中设置"主要颜色"为蓝色、"颜色容差"为 150、"边缘细化"为 1，如图 10-62 所示，得到的抠像效果如图 10-63 所示。

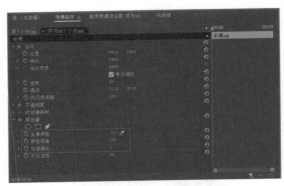

图 10-62　设置"颜色键"参数

图 10-63　应用"颜色键"后的抠像效果

08 在"效果"面板中选择"视频效果"|"变换"|"水平翻转"效果，然后将其添加到视频 2 轨道中的素材上，如图 10-64 所示，得到的效果如图 10-65 所示。

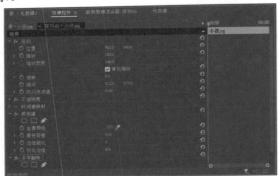

图 10-64　添加"水平翻转"效果

图 10-65　水平翻转效果

09 在"效果控件"面板中设置"旋转"值为 -18°，

如图 10-66 所示，得到的旋转效果如图 10-67 所示。

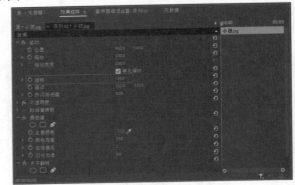

图 10-66　设置"旋转"值

图 10-67　旋转效果

10 将时间指示器移到第 0 秒的位置，然后在"效果控件"面板中单击"位置"选项前面的"切换动画"按钮，开启"位置"关键帧动画，并设置该帧位置坐标为"180，570"，如图 10-68 所示。

图 10-68　设置位置坐标一

11 将时间指示器移到第 1 秒的位置，然后设置该帧位置坐标为"740，300"，并自动添加一个关键帧，如图 10-69 所示。

12 将时间指示器移到第 0 秒 15 帧的位置，然后单击"缩放"选项前面的"切换动画"按钮，开启"缩放"关键帧动画，并保持该帧缩放值为 100，如图 10-70 所示。

图 10-69　设置位置坐标二

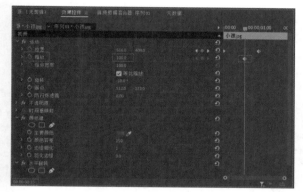

图 10-70　设置缩放值一

13 将时间指示器移到第 1 秒 19 帧的位置，然后设置该帧缩放值为 50，并自动添加一个关键帧，如图 10-71 所示。

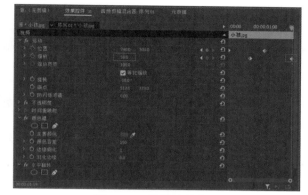

图 10-71　设置缩放值二

14 在"节目监视器"面板中对制作的飞行视频进行预览，效果如图 10-72 所示。

图 10-72　飞行效果

10.3.7　其他键控效果

除了上述介绍的 6 种常用键控效果外，在"键控"文件夹中还有"移除遮罩""超级键"和"非红色键"3 种效果。

1. 移除遮罩

"移除遮罩"效果从某种颜色的素材中移除颜色底纹。将 Alpha 通道与独立文件中的填充纹理相结合时，此效果很有用。

2. 超级键

"超级键"效果可以将素材的某种颜色及相似的颜色范围设置为透明，通过"不透明度"参数在两个素材间进行叠加。

3. 非红色键

"非红色键"效果基于绿色或蓝色背景创建不透明度，此键可以控制两个素材间的混合效果。

10.4　本章小结

本章介绍了 Premiere Pro 2021 视频画面叠加的相关知识和应用方法，读者需要掌握设置视频画面不透明度的方法，以及通过"键控"视频效果进行视频画面叠加的方法，熟悉各种"键控"视频效果的作用。

10.5　思考与练习

1. 在 Premiere 中可以通过_____或_____面板设置素材的不透明度。

2. 在"效果控件"面板中展开_____选项组，可以设置所选素材的不透明度。

3. 将素材添加到"时间轴"面板的视频轨道中，可以在素材上看到一条横线，这条横线用于控制素材的_____。

4. 对素材运用"Alpha 调整"效果，可以按前面画面的_____来决定叠加的效果。

5. _____效果在对明暗对比十分强烈的图像进行画面叠加时非常有用。

6. _____效果用于抠出所有类似于指定的主要颜色的图像像素。

7. 如何创建视频画面的渐隐渐现效果？

8. "轨道遮罩键"效果的作用是什么？

9. 创建一个项目和一个序列，在"项目"面板中导入风景和战斗机素材，并分别添加到"时间轴"面板的视频 1 和视频 2 轨道中。然后将"视频效果"|"键控"|"颜色键"效果添加到视频 2 轨道中的战斗机素材上，在"效果控件"面板中设置抠除的颜色和颜色容差值，在天空中叠加合成战斗机效果，如图 10-73 到图 10-75 所示。

图 10-73　风景素材

图 10-74　战斗机素材

图 10-75　叠加合成后的效果

第11章

创建字幕与图形

字幕工具是影视制作中的一种通用工具，不仅可用于创建字幕和演职员表，也可用于创建动画合成。很多影视的片头和片尾都会用到精彩的字幕，以使影片显得更为完整。字幕是影视制作中重要的信息表现元素，纯画面的信息不能完全取代文字信息的功能。本章将针对字幕和图形的制作方法及应用进行详细讲解。

本章重点

- 创建字幕
- 绘制与编辑图形
- 应用预设的字幕与图形

二维码教学视频

【练习11-1】创建简单字幕
【练习11-2】创建片尾字幕
【练习11-3】创建由右向左的游动字幕
【练习11-4】创建倡议书
【练习11-5】应用字幕样式
【练习11-6】新建中文字幕样式
【练习11-7】载入字幕样式
【练习11-8】绘制商标图形
【练习11-9】调用预设字幕和图形

11.1 创建字幕

Premiere Pro 2021 中的旧版标题延续了早期版本用于创建影片字幕的功能，旧版标题功能适合需要创建内容简短或是具有文字效果 (如描边、阴影等) 的字幕。在创建旧版标题字幕之前，首先需要认识和使用字幕设计器。

11.1.1 字幕设计器

在 Premiere Pro 2021 的字幕设计器中，可以完成文字与图形的创建和编辑功能，这在文字编辑过程中为用户带来了极大的便利。字幕设计器的组成如图 11-1 所示。

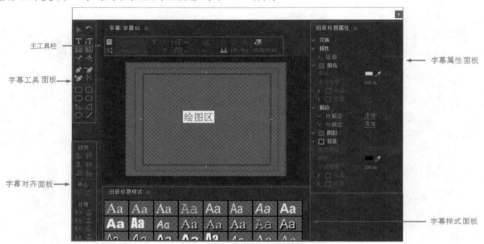

图 11-1 字幕设计器

- 主工具栏：用于创建静态文字、游动文字或滚动文字，还可以指定是否基于当前字幕新建字幕，或者使用其中的选项选择字体和对齐方式等。这些选项还允许在背景中显示视频剪辑。
- 字幕工具面板：该面板包括文字工具和图形工具，以及一个显示当前样式的预览区域。
- 字幕对齐面板：该面板中的图标用于对齐或分布文字或图形对象。
- 字幕样式面板：该面板中的图标用于对文字和图形对象应用预置的自定义样式。
- 字幕属性面板：该面板中的设置用于转换文字或图形对象，以及为其指定样式。
- 绘图区：此处用于编辑文字内容或创建图形对象。

11.1.2 标题字幕工具

在 Premiere Pro 2021 中，可以使用字幕设计器中相应的字幕工具，创建横排文字、垂直文字、区域文字、路径文字和图形等对象，字幕工具面板如图 11-2 所示。

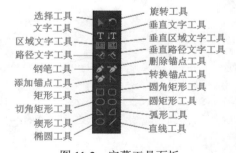

图 11-2 字幕工具面板

- 选择工具：使用该工具可以在绘图区选择文字。
- 旋转工具：使用该工具可以在绘图区旋转文字。
- 文字工具：使用该工具可以在绘图区创建横排文字，如图 11-3 所示。
- 垂直文字工具：使用该工具可以在绘图区创建垂直文字，如图 11-4 所示。

图 11-3　创建横排文字

图 11-4　创建垂直文字

- 区域文字工具：使用该工具可以创建横排文字区域，如图 11-5 所示。
- 垂直区域文字工具：使用该工具可以创建垂直文字区域，如图 11-6 所示。

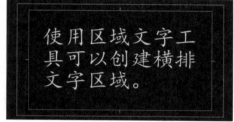

图 11-5　创建横排文字区域

图 11-6　创建垂直文字区域

- 路径文字工具：使用该工具可以绘制一条路径，然后输入的文字将沿着该路径进行横排排列，如图 11-7 所示。
- 垂直路径文字工具：使用该工具可以绘制一条路径，然后输入的文字将沿着该路径进行垂直排列，如图 11-8 所示。

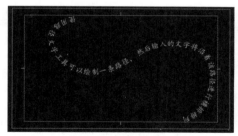

图 11-7　创建横排路径文字

图 11-8　创建垂直路径文字

- 钢笔工具：使用贝塞尔曲线在绘图区创建曲线图形。
- 添加锚点工具：在绘图区将锚点添加到路径上。
- 删除锚点工具：在绘图区从路径上删除锚点。
- 转换锚点工具：在绘图区将曲线点转换成拐点，或将拐点转换成曲线点。
- 矩形工具：使用该工具可以在绘图区创建矩形。
- 切角矩形工具：使用该工具可以在绘图区创建切角矩形。
- 圆角矩形工具：使用该工具可以在绘图区创建圆角矩形。

- 圆矩形工具：使用该工具可以在绘图区创建圆矩形。
- 楔形工具：使用该工具可以在绘图区创建三角形。
- 弧形工具：使用该工具可以在绘图区创建弧形。
- 椭圆工具：使用该工具可以在绘图区创建椭圆。
- 直线工具：使用该工具可以在绘图区创建直线。

11.1.3　新建标题字幕

Premiere 中的默认标题字幕包括默认静态字幕、默认滚动字幕和默认游动字幕。在视频中创建长篇幅的文字时，视频画面通常只能显示一部分文字内容，其他部分文字就会被隐藏。这时，如果在屏幕中应用上下滚动或左右游动文字，则可以解决这个问题。

1. 默认静态字幕

如果在视频画面中需要添加标题文字或其他简单文字，则可以通过创建默认静态字幕来完成文字的添加。

【练习 11-1】创建简单字幕

01 新建一个项目文件，然后选择"文件"|"新建"|"旧版标题"命令，打开"新建字幕"对话框，设置字幕的名称，如图 11-9 所示。

图 11-9　"新建字幕"对话框

02 在"新建字幕"对话框中单击"确定"按钮，打开字幕设计器，如图 11-10 所示。

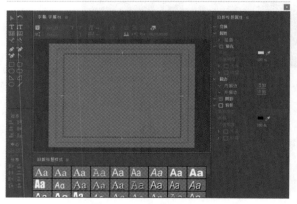

图 11-10　字幕设计器

03 在字幕工具面板中单击"文字工具"按钮 **T**，然后在字幕设计窗口中单击鼠标指定创建文字的位置，即可开始输入文字内容，如图 11-11 所示。

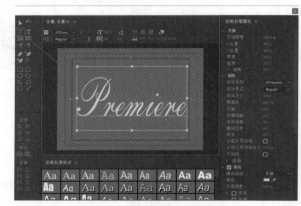

图 11-11　输入文字内容

04 单击字幕设计器右上方的"关闭"按钮 ⊠，关闭字幕设计器，新建的字幕对象将显示在"项目"面板中，如图 11-12 所示。

图 11-12　生成字幕对象

注意

使用 Premiere 旧版标题字幕功能创建的字幕对象会自动添加到"项目"面板中，作为项目文件的素材。

2. 滚动字幕

在 Premiere 中，用户可以创建由下向上进行滚动的字幕，还可以根据需要设置字幕是否需要开始或结束于屏幕外。

【练习 11-2】制作片尾字幕

01 新建一个项目文件和一个序列，然后导入所需的素材，如图 11-13 所示。

图 11-13　导入素材

02 选择"文件"|"新建"|"旧版标题"命令，新建一个名为"字幕"的字幕，如图 11-14 所示。

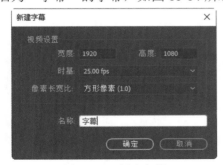

图 11-14　新建字幕

03 在字幕设计窗口中输入片尾文字内容，并设置文字的字体、大小和行距，如图 11-15 所示。

04 在字幕设计窗口中单击"滚动/游动选项"按钮，在打开的"滚动/游动选项"对话框中选中"滚

动"单选按钮，并选中"开始于屏幕外"和"结束于屏幕外"复选框，如图 11-16 所示。

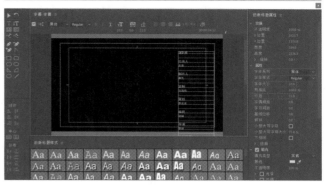

图 11-15　设置文字属性

图 11-16　设置滚动字幕

"滚动/游动选项"对话框中常用选项的作用如下。

● 开始于屏幕外：选择这个选项可以使滚动或游动效果从屏幕外开始。

● 结束于屏幕外：选择这个选项可以使滚动或游动效果到屏幕外结束。

● 预卷：如果希望文字在动作开始之前静止不动，那么在这个输入框中输入静止状态的帧数。

● 缓入：如果希望字幕滚动或游动的速度逐渐增加直到正常播放速度，那么输入加速过程的帧数。

● 缓出：如果希望字幕滚动或游动的速度逐渐变慢直到静止不动，那么输入减速过程的帧数。

● 过卷：如果希望文字在动作结束之后静止不动，那么在这个输入框中输入静止状态的帧数。

05 关闭字幕设计器，新建的字幕对象将显示在"项目"面板中，如图 11-17 所示。

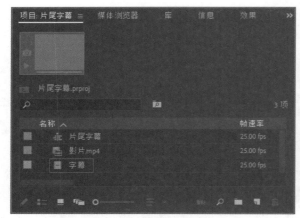

图 11-17　显示新建的字幕

06 将影片素材添加到视频 1 轨道中，将创建的"字幕"素材添加到"时间轴"面板的视频 2 轨道中，调整视频 2 轨道中"字幕"的出点，将其与视频 1 轨道中的影片素材的出点对齐，如图 11-18 所示。

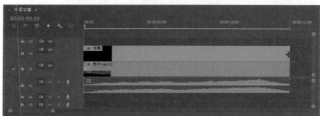

图 11-18　在"时间轴"面板中添加素材

07 在"节目监视器"面板中可以预览字幕的效果，如图 11-19 所示。

图 11-19　字幕效果

08 选择视频 1 轨道中的影片素材，打开"效果控件"面板，设置"位置"坐标为"550，540"，"缩放"值为 80，如图 11-20 所示。

09 在"节目监视器"面板中单击"播放 - 停止切换"按钮 ▶ 播放影片，预览最终的字幕滚动效果，如图 11-21 所示。

图 11-20　调整影片的位置和大小

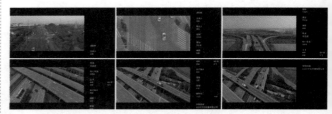

图 11-21　片尾滚动字幕效果

3. 游动字幕

在 Premiere 中，不仅可以创建滚动字幕，还可以创建由左向右或由右向左游动的字幕。创建游动字幕的操作如下。

【练习 11-3】创建由右向左的游动字幕

01 新建一个项目文件和一个序列，然后在"项目"面板中导入一个背景素材，将该素材添加到"时间轴"面板的视频 1 轨道中。

02 选择"文件"|"新建"|"旧版标题"命令，在打开的"新建字幕"对话框中对字幕命名并单击"确定"按钮，然后在字幕设计器中创建并设置字幕文字，如图 11-22 所示。

03 在字幕设计器中单击"滚动 / 游动选项"按钮 ▤，打开"滚动 / 游动选项"对话框，然后选中"向左游动"单选按钮，再选中"开始于屏幕外"和"结束于屏幕外"复选框并单击"确定"按钮，如图 11-23 所示。

04 关闭字幕设计器，将创建的字幕添加到"时间轴"面板的视频 2 轨道中，然后在"节目监视器"面板中进行播放，预览游动字幕的效果，如图 11-24 所示。

图 11-22 输入并设置文字

图 11-23 设置字幕游动选项

图 11-24 游动字幕效果

> **注意**
>
> 在"滚动/游动选项"对话框中选中"向右游动"单选按钮，可以实现文字从左向右游动。

11.1.4 设置文字属性

在字幕设计器中创建文字内容后，可以在"旧版标题属性"面板中对文字的属性进行设置，包括文字的字体、大小、颜色、轮廓线和阴影等。"旧版标题属性"面板中包含了 6 个参数设置选项组："变换""属性""填充""描边""阴影"和"背景"，如图 11-25 所示。

1. 变换文字

创建文字内容后，在"旧版标题属性"面板中单击"变换"选项组前面的三角按钮，可以展开该选项组中的选项，在该选项组中可以设置文字在画面中的不透明度、位置、尺寸、旋转角度等属性，如图 11-26 所示。

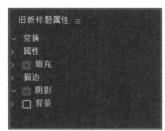

图 11-25 "旧版标题属性"面板

图 11-26 文字变换参数

2. 设置文字属性

在"旧版标题属性"面板的"属性"选项组中提供了多种针对文字的字体、样式、字号以及其他基本属性的参数设置，如图 11-27 所示。

"属性"选项组中各个选项的作用如下。

● 字体系列：在右方的下拉列表中可以设置被选中文字的字体，如图 11-28 所示。

图 11-27　设置文字属性

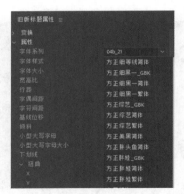

图 11-28　设置文字字体

- 字体样式：在右方的下拉列表中可以设置被选中文字的样式。
- 字体大小：用于设置被选中文字的大小。
- 宽高比：用于设置被选中文字的长宽比例。
- 行距：用于调整输入文字的行间距。
- 字偶间距：用于设置被选中文字的字符间距。
- 字符间距：用于设置所选文字的字符间距。
- 基线位移：用于调整输入文字的基线。该项只对英文有效，对中文无效。
- 倾斜：用于设置输入文字的倾斜度。
- 小型大写字母：可以把所有的英文都改为大写。
- 小型大写字母大小：配合"小型大写字母"选项使用，调整转换后的大写字母的大小。
- 下画线：为编辑的文字添加下画线。
- 扭曲：将文字分别向 X 轴和 Y 轴方向变形。

3. 填充文字

　　"旧版标题属性"面板中的"填充"选项组用于设置文字的填充色。在"填充"选项组中提供了填充类型、光泽和纹理 3 个选项，如图 11-29 所示。

　　"填充"选项组中各个选项的作用如下。

- 填充类型：字幕设计器中提供了 7 种填充模式，它们分别是"实底""线性渐变""径向渐变""四色渐变""斜面""消除"和"重影"，如图 11-30 所示。

图 11-29　文字填充设置

图 11-30　选择填充类型

- 光泽：该选项用于为对象添加一条光泽线。"颜色"选项用于改变光泽的颜色；"不透明度"选项用于设置光泽的透明度；"大小"选项用于设置光泽的宽度；"角度"选项用于设置光泽的角度；"偏移"选项用于调整光泽的位置。
- 纹理：该选项用于对字幕设置纹理效果。

4. 描边文字

"旧版标题属性"面板中的"描边"选项组用于对文字添加轮廓线，可以设置文字的内轮廓线和外轮廓线。Premiere 提供了深度、边缘和凹进 3 种描边方式，描边参数如图 11-31 所示。展开描边选项，单击"内描边"或"外描边"选项后面的"添加"按钮，就可以根据选项提示为对象添加轮廓线效果，效果如图 11-32 所示。

图 11-31　描边参数　　　　　　　图 11-32　描边效果

5. 设置文字阴影

"旧版标题属性"面板中的"阴影"选项组用于为文字添加阴影，效果如图 11-33 所示。在"阴影"选项组中可以设置阴影的颜色、不透明度、角度、阴影与原文字之间的距离，以及设置阴影的宽度和扩展程度，如图 11-34 所示。

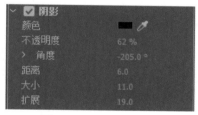

图 11-33　阴影效果　　　　　　　图 11-34　阴影参数

6. 设置字幕背景

"旧版标题属性"面板中的"背景"选项组用于为字幕添加背景，可以设置背景的填充类型、颜色、角度、光泽和纹理等，如图 11-35 所示。图 11-36 所示是添加了渐变色的背景效果。

图 11-35　背景参数　　　　　　　图 11-36　渐变色的背景效果

215

【练习 11-4】创建倡议书

01 新建一个项目文件,然后选择"文件"|"新建"|"旧版标题"命令,打开"新建字幕"对话框,设置字幕的名称并单击"确定"按钮,如图 11-37 所示。

图 11-37 "新建字幕"对话框

02 在字幕设计器中输入标题文字"环保倡议书",如图 11-38 所示。

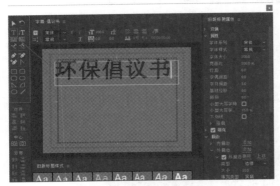

图 11-38 输入标题文字

03 在主工具栏中设置标题文字的对齐方式为"居中对齐" ≡,在"旧版标题属性"面板的"属性"选项组中设置字体为"宋体"、字体大小为 80,如图 11-39 所示。

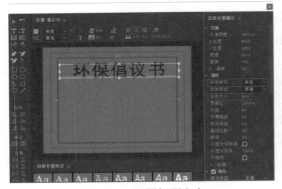

图 11-39 设置标题文字

04 在"旧版标题属性"面板的"填充"选项组中单击"填充类型"下拉列表框,选择"线性渐变"选项,如图 11-40 所示。

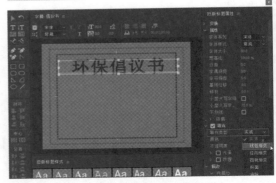

图 11-40 选择文字填充类型

05 通过单击"色彩到色彩"选项右方的色块,设置文字的渐变填充色为蓝色到紫色渐变,如图 11-41 所示。

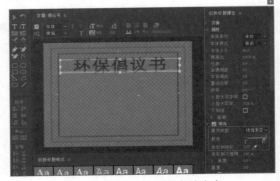

图 11-41 设置文字渐变填充色

06 在"旧版标题属性"面板的"阴影"选项组中选中"阴影"复选框,设置阴影不透明度为 50%、距离为 15,如图 11-42 所示。

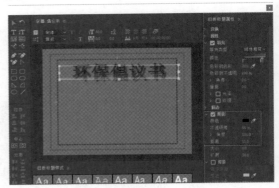

图 11-42 设置文字阴影

07 在"旧版标题属性"面板的"背景"选项组中选中"背景"复选框，设置背景色为淡蓝色，如图11-43所示。

图 11-43　设置背景色

08 在"工具"面板中单击"区域文字工具"按钮，然后在绘图区绘制一个文字区域，如图11-44所示。

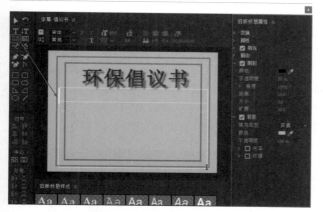

图 11-44　绘制文字区域

09 在创建的文字区域内输入倡议书的文字内容，设置字体为"宋体"、字体大小为45、行距为10、文字填充颜色为蓝色，如图11-45所示。

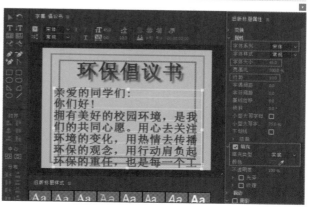

图 11-45　输入并设置文字

10 在绘图区的空白处单击，取消对文字的选择，查看文字的效果，如图11-46所示。单击字幕设计器右上方的"关闭"按钮，完成字幕的创建。

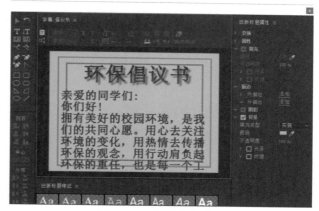

图 11-46　预览文字效果

11.1.5　应用字幕样式

虽然在"旧版标题属性"面板中可以设置文字的属性，但是要将文字的字体、大小、描边、阴影等效果设置为需要的状态，通常也会花不少时间。如果在调整好一个文本框里的文字属性后，还需要对其他文字应用同样的属性，这时若使用样式将设置好的属性和颜色保存下来，直接应用到其他文字对象上，则可以有效地提高工作效率。

1. 使用字幕样式

在 Premiere 的字幕设计器中，"旧版标题样式"面板为文字和图形提供保存和载入预置样式的功能。因此，不用在每次创建字幕时都要选择字体、大小和颜色，只需为文字选择一种样式，就可以立即应用所有的属性。

【练习 11-5】应用字幕样式

01 新建一个项目文件，然后选择"文件"|"新建"|"旧版标题"命令，打开"新建字幕"对话框，设置字幕的名称并单击"确定"按钮，如图 11-47 所示。

图 11-47 "新建字幕"对话框

02 打开字幕设计器，单击"文字工具"按钮 **T**，在字幕设计器的绘图区创建文字"Premiere"，如图 11-48 所示。

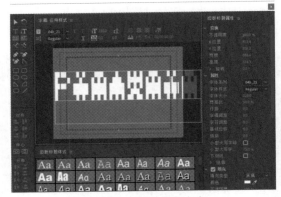

图 11-48 创建文字内容

03 在"旧版标题样式"面板中单击一种字幕样式，即可对当前文字应用该样式，如图 11-49 所示。

图 11-49 应用标题字幕样式

04 在"旧版标题样式"面板中拖动垂直滚动条，可以显示其他的字幕样式，单击其中一种字幕样式，即可更改当前文字的样式效果，如图 11-50 所示。

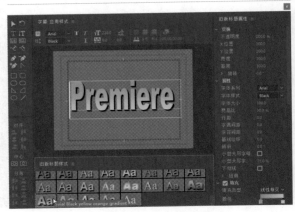

图 11-50 更改标题字幕样式

2. 新建字幕样式

Premiere "旧版标题样式"面板中的默认样式只提供了英文字体样式的效果。用户如果要使用中文字体样式的效果，可以创建一个新的字幕样式效果，供以后使用。

【练习 11-6】新建中文字幕样式

01 新建一个项目文件和一个字幕对象，在字幕设计器中输入文字内容，并设置文字的字体、大小、填充色、描边和阴影效果，如图 11-51 所示。

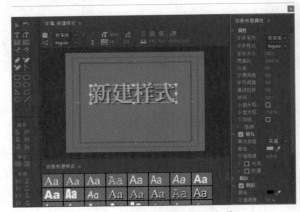

图 11-51 新建并设置中文字幕

02 在"旧版标题样式"面板中单击快捷菜单按钮 **≣**，在弹出的菜单中选择"新建样式"命令，如图 11-52 所示。

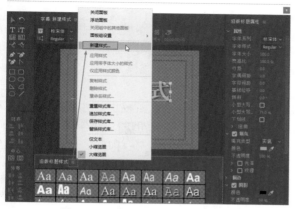

图 11-52　选择"新建样式"命令

03 在打开的"新建样式"对话框中输入新样式的名称并单击"确定"按钮，如图 11-53 所示。

图 11-53　输入新建样式的名称

04 新建的样式将生成在"旧版标题样式"面板的末尾处，在"字幕"面板中拖动垂直滚动条可以查找新建的字幕样式，如图 11-54 所示。

图 11-54　新建的字幕样式

05 在"旧版标题样式"面板中单击快捷菜单按钮，在弹出的菜单中选择"保存样式库"命令，如图 11-55 所示。

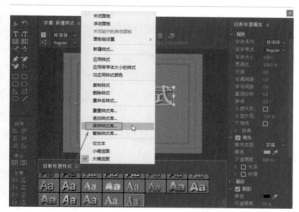

图 11-55　选择"保存样式库"命令

06 在打开的"保存样式库"对话框中指定保存的路径，然后输入样式库的名称并单击"保存"按钮，对当前样式库进行保存，如图 11-56 所示。

图 11-56　保存样式库

3. 载入字幕样式

如果在 Premiere 中创建了多种字幕样式，在字幕编辑过程中想要应用其中的样式，那么首先需要将该样式载入"旧版标题样式"面板中。

【练习 11-7】载入字幕样式

01 新建一个项目文件和一个字幕对象，然后在字幕设计器中的绘图区输入文字内容，如图 11-57 所示。

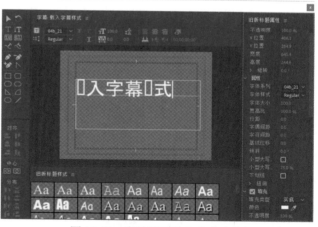

图 11-57　在绘图区输入文字内容

02 在"旧版标题样式"面板中单击快捷菜单按钮，在弹出的菜单中选择"追加样式库"命令，如图 11-58 所示。

03 在打开的"打开样式库"对话框中选择要载入的字幕样式库，然后将其打开，如图 11-59 所示。

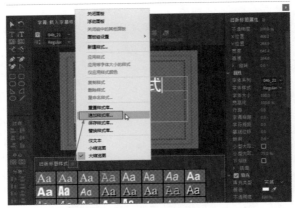

图 11-58　选择"追加样式库"命令

图 11-59　选择并打开字幕样式库

04 在"旧版标题样式"面板中拖动垂直滚动条可以查看载入的字幕样式库，单击其中的一种样式，可以将该样式应用到被选中的文字对象上，如图11-60 所示。

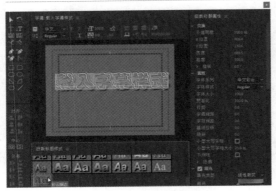

图 11-60　应用字幕样式

🏷 4. 管理字幕样式

在 Premiere 中，用户可以复制、重命名、删除和重置样式，还可以修改样式样本在字幕窗口中的显示方式。

1) 复制样式

在"旧版标题样式"面板中选中一种样式，然后单击快捷菜单按钮▣，在字幕样式菜单中选择"复制样式"命令，即可复制该样式。

2) 重命名样式

在"旧版标题样式"面板中选中要重命名的样式，然后单击快捷菜单按钮▣，在字幕样式菜单中选择"重命名样式"命令。在打开的"重命名样式"对话框中输入新的样式名，然后单击"确定"按钮，即可重命名该样式，如图11-61 所示。

图 11-61　重命名样式

3) 删除样式

在"旧版标题样式"面板中选中要删除的样式，然后单击快捷菜单按钮▣，在字幕样式菜单中选择"删除样式"命令，在打开的提示对话框中单击"确定"按钮，即可删除该样式。

4) 重置样式

在"旧版标题样式"面板中单击快捷菜单按钮▣，在字幕样式菜单中选择"重置样式库"命令，在打开的提示对话框中单击"确定"按钮，即可将"字幕样式"面板中的当前样式替换为默认样式，如图11-62 所示。

图 11-62　重置样式提示

5) 更改样式的显示方式

如果觉得"旧版标题样式"面板在字幕设计器中占用的空间太多，可以将样式以文字或小图标的形式显示。

在"旧版标题样式"面板中单击快捷菜单按钮▣，然后选择"仅文本"或"小缩览图"命令，即可更改样式的显示方式，图11-63 和图11-64 所示分别是以文本和小缩览图显示字幕样式的效果。

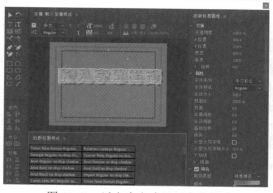
图 11-63　以文本方式显示字幕样式

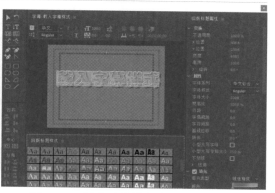
图 11-64　以小缩览图方式显示字幕样式

11.2　绘制与编辑图形

使用 Premiere 的绘图工具可以创建简单的图形，如线、正方形、椭圆形、矩形和多边形等。绘制图形后，还可以对图形进行填充、编辑等操作。

11.2.1　绘制图形

在字幕设计器中使用"工具"面板中的绘图工具可以绘制规则的图形，也可以绘制不规则的图形。

1. 绘制规则图形

在"工具"面板中使用"矩形工具""圆角矩形工具""切角矩形工具""圆矩形工具""楔形工具""弧形工具""椭圆工具"和"直线工具"等工具可以在绘图区绘制相应的图形。

- 单击"矩形工具"按钮▣，在绘图区单击并拖动鼠标，即可创建一个矩形，如图 11-65 所示。
- 单击"圆角矩形工具"按钮▣，在绘图区单击并拖动鼠标，即可创建一个圆角矩形，如图 11-66 所示。

图 11-65　绘制矩形

图 11-66　绘制圆角矩形

- 单击"切角矩形工具"按钮▣，在绘图区单击并拖动鼠标，即可创建一个切角矩形，如图 11-67 所示。
- 单击"圆矩形工具"按钮▣，在绘图区单击并拖动鼠标，即可创建一个圆弧矩形，如图 11-68 所示。

图 11-67　绘制切角矩形

图 11-68　绘制圆弧矩形

● 单击"楔形工具"按钮█，在绘图区单击并拖动鼠标，即可创建一个楔形，如图 11-69 所示。
● 单击"弧形工具"按钮█，在绘图区单击并拖动鼠标，即可创建一个圆弧图形，如图 11-70 所示。

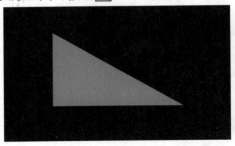

图 11-69　绘制楔形

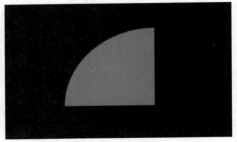

图 11-70　绘制圆弧

● 单击"椭圆工具"按钮█，在绘图区单击并拖动鼠标，即可创建一个椭圆，如图 11-71 所示。
● 单击"直线工具"按钮█，在绘图区单击并拖动鼠标，即可创建一条直线，如图 11-72 所示。

图 11-71　绘制椭圆

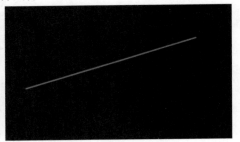

图 11-72　绘制直线

在"属性"选项组的"图形类型"下拉列表框中也可以设置图形的类型。使用图形工具在绘图区创建一个图形(如"圆角矩形")，然后在"属性"选项组中单击"图形类型"下拉按钮，在下拉列表中选择某个图形选项(如"椭圆")，如图 11-73 所示，即可对当前绘制的图形效果进行修改，如图 11-74 所示。

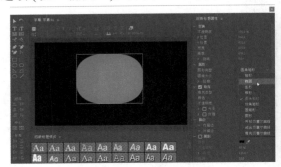

图 11-73　修改图形类型

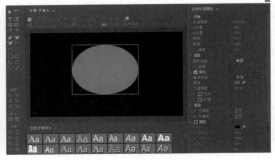

图 11-74　修改后的图形

提示

如果想创建正方形、圆角正方形或圆形，可以在选择相应的工具后，按住 Shift 键绘制相应的图形。

2. 绘制不规则图形

在"工具"面板中使用"钢笔工具"█可以在绘图区绘制不规则的图形，如图 11-75 所示。绘制好图形后，可以使用"转换锚点工具"█调整图形的锚点，以改变图形的形状，如图 11-76 所示。

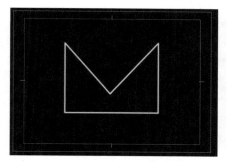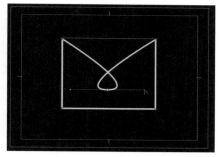

图 11-75　绘制不规则图形　　　　　　　　图 11-76　调整图形形状

提示

使用"钢笔工具"绘制好图形后，可以使用"删除锚点工具"删除图形中的锚点，或使用"添加锚点工具"在图形中添加锚点。

11.2.2　编辑图形色彩

创建一个图形后，可以设置图形的填充颜色、透明度、描边或阴影等，这些效果可以在"旧版标题属性"面板中进行设置。

1. 设置图形的填充颜色

在"填充"选项组中单击"填充类型"下拉按钮，在下拉列表中可以选择图形的填充方式（如"径向渐变"），如图 11-77 所示，然后设置图形的填充颜色（如"由黄色到红色渐变"），即可得到图形的填充效果，如图 11-78 所示。

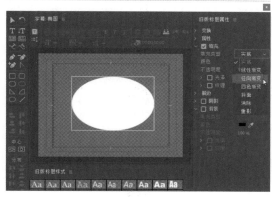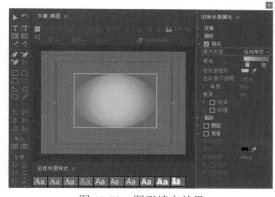

图 11-77　选择填充类型　　　　　　　　图 11-78　图形填充效果

2. 设置图形的光泽效果

在"填充"选项组中选中"光泽"复选框，并单击该选项前方的三角形按钮▶，将该选项展开，可以设置图形光泽的大小和角度，如图 11-79 所示。

3. 设置图形的描边效果

在"描边"选项组中单击"内描边"或"外描边"选项右方的"添加"按钮，可以添加相应的描边，也可以设置描边的大小和颜色，如图 11-80 所示是添加内描边后的效果。

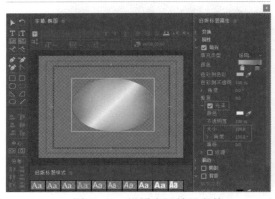

图 11-79　设置光泽效果参数

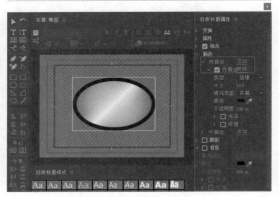

图 11-80　添加内描边后的效果

4. 设置图形的阴影效果

在"阴影"选项组中选中"阴影"复选框，可以设置阴影的颜色、角度和距离等参数，效果如图 11-81 所示。

5. 设置图形的背景效果

在"背景"选项组中选中"背景"复选框，可以设置图形背景的填充类型、颜色、不透明度等参数，效果如图 11-82 所示。

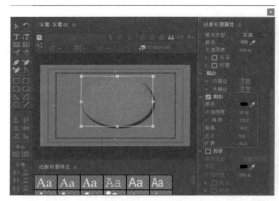

图 11-81　设置阴影效果参数

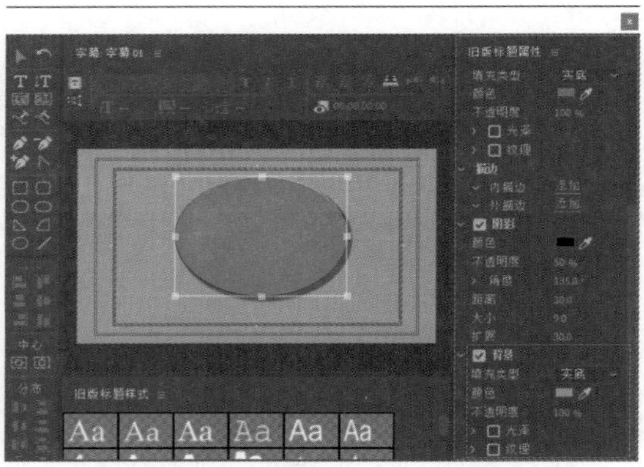

图 11-82　设置背景效果参数

【练习 11-8】绘制商标图形

01 新建一个项目文件，然后选择"文件"|"新建"|"旧版标题"命令，新建一个字幕对象。

02 打开字幕设计器，设置背景为白色。

03 单击"钢笔工具"按钮，在绘图区绘制一个大致的心形，设置图形填充颜色为红色，如图 11-83 所示。

04 结合"钢笔工具"和"转换锚点工具"对心形图形进行调整，得到如图 11-84 所示的效果。

图 11-83　绘制心形

图 11-84　调整心形

05 在"属性"选项组中单击"图形类型"下拉列表框，在弹出的下拉列表中选择"填充贝塞尔曲线"选项，如图 11-85 所示，得到曲线的填充效果，如图 11-86 所示。

图 11-85　选择图形类型

图 11-86　填充曲线图形

06 使用"钢笔工具" 继续绘制一个比前面略大的心形，并设置图形类型为"闭合贝塞尔曲线"，图形填充颜色为蓝色，效果如图 11-87 所示。

07 使用"钢笔工具" 绘制两只鸟儿的大致轮廓图形，设置图形类型为"闭合贝塞尔曲线"，图形填充颜色为蓝色，如图 11-88 所示。

图 11-87　绘制蓝色心形

图 11-88　绘制鸟儿轮廓图形

08 结合"钢笔工具" 和"转换锚点工具" 对鸟儿轮廓图形进行调整，效果如图 11-89 所示。

图 11-89　调整图形效果

09 使用"椭圆工具" 绘制两只鸟儿的眼睛图形，填充颜色为蓝色，完成商标图形的绘制后，效果如图 11-90 所示。

图 11-90　绘制的商标效果

11.2.3 调整图形的状态

在 Premiere 中创建图形对象后，要达到需要的效果，还应该对其进行移动或调整大小、方向等操作。

1. 调整图形的大小

使用选择工具 ▶ 选择需要调整大小的图形，然后将鼠标指针移到图形边缘的控制手柄上 ![img]，如图 11-91 所示。当图标变成一个两端各有一个箭头的线段时，单击并拖动形状控制手柄，即可调整图形的大小，如图 11-92 所示。此时，在"旧版标题属性"面板的"变换"选项组中的"宽度"和"高度"选项的值将发生相应的变化。

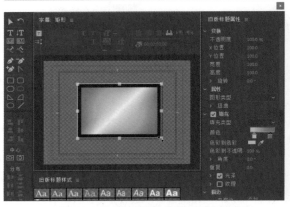
图 11-91　将鼠标指针移到控制手柄上

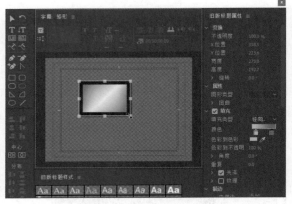
图 11-92　缩小图形后的效果

> **提示**
>
> 通过修改"旧版标题属性"面板的"变换"选项组中的"宽度"和"高度"值，可以精确地改变图形的大小。

2. 移动图形

使用选择工具 ▶ 选择需要移动的图形，然后按住并拖动对象到新的位置，即可移动图形，如图 11-93 所示。在"旧版标题属性"面板的"变换"选项组中修改"X 位置"和"Y 位置"的值，可以准确地调整图形的位置，如图 11-94 所示。

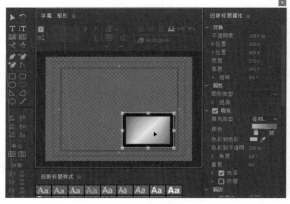
图 11-93　移动图形

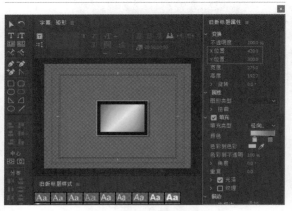
图 11-94　调整图形的位置

3. 旋转图形

使用选择工具选择需要旋转的图形，然后将鼠标指针移到所选对象的一个形状控制手柄上。当光标变成一个两端各有一个箭头的曲线形状↶时，如图 11-95 所示，按住并拖动控制手柄，即可旋转图形，如图 11-96 所示。

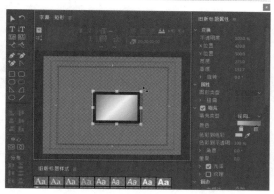

图 11-95　将鼠标光标变成曲线箭头

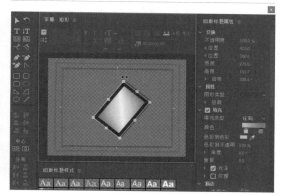

图 11-96　拖动手柄旋转对象

提示

在"旧版标题属性"面板的"变换"选项组中设置"旋转"值，可以精确地旋转图形。

11.3 应用预设的字幕与图形

在"基本图形"面板中，用户可以直接调用预设的字幕和图形对象，且这些对象不会占用"项目"面板中的位置。

【练习 11-9】调用预设字幕和图形

01 新建一个项目和一个序列，然后选择"窗口"|"基本图形"命令，打开"基本图形"面板，如图 11-97 所示。

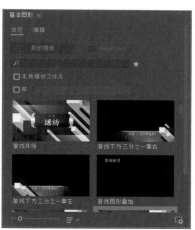

图 11-97　打开"基本图形"面板

02 在"基本图形"面板中将预设的字幕(如"游戏开场")拖入"时间轴"面板的视频轨道中，如图 11-98 所示。

图 11-98　将预设图形添加到视频轨道中

03 拖动"时间轴"面板中的时间轴,显示预设图形的文字内容,如图 11-99 所示。

图 11-99　显示文字内容

04 选择"工具"面板中的文字工具,再选择预设图形中的文字,然后重新输入文字,对文字内容进行修改,如图 11-100 所示。

图 11-100　修改文字内容

05 在"节目监视器"面板中单击"播放 - 停止切换"按钮 ▶,可以播放预设影片的效果,如图 11-101 所示。

图 11-101　播放预设影片

11.4　本章小结

本章介绍了 Premiere 字幕设计和图形绘制的相关知识与操作,读者需要重点掌握标题字幕对象的应用,熟悉在字幕设计器中绘制和编辑图形的方法。在字幕设计器中需要掌握创建各种文字效果,设置文字的字体、颜色、描边、阴影等操作。

11.5　思考与练习

1. 使用_____工具可以在绘图区创建横排文字。
2. 使用_____工具可以在绘图区创建垂直文字。
3. 在"旧版标题属性"面板中单击_____选项后面的_____按钮,就可以根据选项提示为对象添加轮廓线效果。
4. 如果想创建正方形、圆角正方形或圆形,可以在选择相应的工具后,按住_____键进行图形的绘制。
5. 在字幕设计器中输入文字后,应该在什么位置设置文字的属性?
6. 在视频中创建长篇幅的文字时,视频画面通常只能显示一部分文字,这时通常可以采用什么方式显示其他文字?

第12章 编辑音频

在影视作品中,音频的编辑是不可缺少的一部分。适当的背景音乐可以给人们带来喜悦或神秘的感觉。本章将介绍音频编辑的相关知识,包括音频的基础知识、音频素材的编辑方法、音频特效的添加方法以及音轨混合器的应用等。

本章重点

- Premiere 音频处理基础
- 编辑和设置音频
- 应用音频特效
- 应用音轨混合器

二维码教学视频

【练习 12-1】为视频添加背景音乐

【练习 12-2】修改背景音乐的长度

【练习 12-3】调整音频素材的音频增益

【练习 12-4】制作淡入淡出的音效

【练习 12-5】制作摇摆旋律

【练习 12-6】为音频素材添加音频效果

【练习 12-7】在音轨混合器中应用音频效果

12.1　音频的基础知识

在 Premiere 中进行音频编辑之前，需要对声音及描述声音的术语有所了解，这有助于了解正在使用的声音类型是什么，以及声音的品质如何。

12.1.1　音频采样

在数字声音中，数字波形的频率由采样率决定。许多摄像机使用 32kHz 的采样率录制声音，每秒录制 32 000 个样本。采样率越高，声音可以再现的频率范围也就越广。要再现特定频率，通常应该使用双倍于频率的采样率对声音进行采样。因此，要再现人们可以听到的 20 000kHz 的最高频率，所需的采样率至少是每秒 40 000 个样本 (CD 是以 44 100Hz 的采样率进行录音的)。

将音频素材导入"项目"面板中后，会显示声音的采样率和声音位等相关参数，图 12-1 所示的音频是 44 100Hz 采样率和 16 位声音位。

12.1.2　声音位

在数字化声音时，由数千个数字来表示振幅或波形的高度和深度。在这期间，需要对声音进行采样，以数字方式重新创建一系列的 1 和 0。如果使用 Premiere 的音轨混合器对旁白进行录音，那么先由麦克风处理来自人们的声音声波，然后通过声卡将其数字化。在播放旁白时，声卡会将这些 1 和 0 转换回模拟声波。

高品质的数字录音使用的位也更多。CD 品质的立体声最少使用 16 位 (较早的多媒体软件有时使用 8 位的声音速率，如图 12-2 所示，这会提供音质较差的声音，但生成的数字声音文件更小)。因此，可以将 CD 品质声音的样本数字化为一系列 16 位的 1 和 0(例如，1011011011101010)。

图 12-1　声音的相关参数

图 12-2　8 位的声音

12.1.3　比特率

比特率是指每秒传送的比特数，单位为 b/s(bit per second)。比特率越高，传送数据的速度就越快。声音中的比特率是指将模拟声音信号转换成数字声音信号后，单位时间内的二进制数据量，是间接衡量音频质量的一个指标。

声音中的比特率 (码率) 原理与视频中的相同，都是指由模拟信号转换为数字信号后，单位时间内的二进制数据量。声音的比特率类似于图像分辨率，高比特率生成更流畅的声波，就像高图像分辨率能生成更平滑的图像一样。

12.1.4　声音文件的大小

声音的位深越大，采样率就越高，而声音文件也会越大。因为声音文件（如视频）可能会非常大，因此估算声音文件的大小很重要。可以通过位深乘以采样率来估算声音文件的大小。因此，采样率为 44 100Hz 的 16 位单声道音轨（8 位 ×44 100）1 秒钟可以生成 705 600 位（每秒 88 200 字节）——每分钟 5MB 多，而立体声素材的大小是单声道的两倍。

12.2　Premiere 音频处理基础

在 Premiere 中不仅可以设置音频参数，还可以设置音频声道格式。当需要使用多个音频素材时，还可以添加音频轨道。

12.2.1　音频参数的设置

选择"编辑"|"首选项"|"音频"命令，在打开的"首选项"对话框中，可以对音频素材属性的使用进行一些初始设置，如图 12-3 所示。在"首选项"对话框左侧的列表中选择"音频硬件"选项，可以对默认输入和输出的音频硬件进行选择，如图 12-4 所示。

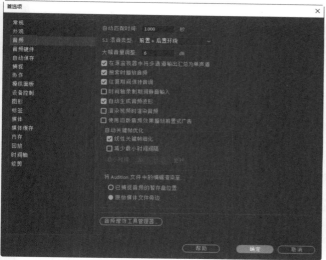

图 12-3　音频参数的设置

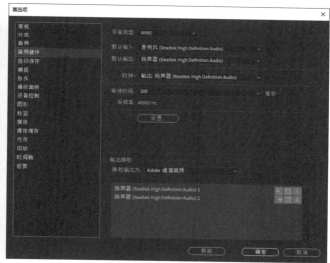

图 12-4　音频硬件的设置

12.2.2　Premiere 的音频声道

Premiere 中包含了 3 种音频声道：单声道、立体声和 5.1 声道。各种声道的特点如下。

- 单声道：只包含一个声道，是比较原始的声音复制形式。当通过两个扬声器回放单声道声音信号时，可以明显感觉到声音是从两个音箱中间传递到听众耳朵里的。
- 立体声：包含左右两个声道，立体声技术彻底改变了单声道缺乏对声音位置的定位这一状况。声音在录制过程中被分配到两个独立的声道，从而达到了很好的声音定位效果。这种技术在音乐欣赏中显得尤为重要，听众可以清晰地分辨出各种乐器来自何方。
- 5.1 声道：5.1 声音系统来源于 4.1 环绕，不同之处在于它增加了一个中置单元。这个中置单元负责传送低于 80Hz 的声音信号。在欣赏影片时有利于加强人声，把对话集中在整个声场的中部，以增加整体效果。

如果要更改素材的音频声道，可以先选中该素材，然后选择"剪辑"|"修改"|"音频声道"命令，在打开的"修改剪辑"对话框中单击"剪辑声道格式"下拉按钮，在下拉列表中选择一种声道格式，如图12-5所示，即可将音频素材修改为对应的声道，如图12-6所示。

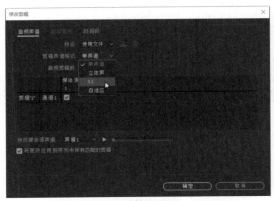

图 12-5　选择音频声道

图 12-6　修改音频声道

12.2.3　Premiere 的音频轨道

默认情况下，"时间轴"面板的序列中包括了三条标准音频轨道和一条主音轨。序列中始终包含了一条主音轨，用于控制序列中所有轨道的合成输出。

在 Premiere Pro 2021 的序列中可以包含以下音轨的任何组合。

1. 标准音轨

在 Premiere Pro 2021 中，标准音轨可以同时容纳单声道和立体声音频剪辑。

2. 单声道音轨

单声道音轨包含一条音频声道。如果将立体声音频素材添加到单声道轨道中，立体声音频素材通道将由单声道轨道汇总为单声道。

3. 5.1 声道音轨

5.1 声道音轨包含了三条前置音频声道 (左声道、中置声道、右声道)、两条后置或环绕音频声道 (左声道和右声道) 和一条超重低音音频声道。在 5.1 声道音轨中只能包含 5.1 音频素材。

4. 自适应音轨

自适应音轨只能包含单声道、立体声和自适应素材。对于自适应音轨，可通过最佳的方式将源音频映射至输出音频声道。处理可录制多个音轨的摄像机录制的音频时，这种音轨类型非常有用。处理合并后的素材或多机位序列时，也可使用这种音轨。

12.2.4　添加和删除音频轨道

选择"序列"|"添加轨道"命令，在打开的"添加轨道"对话框中可以设置添加音频轨道的数量。打开"轨道类型"下拉列表框，在其中可以选择添加的音频轨道类型，如图12-7所示。

选择"序列"|"删除轨道"命令，在打开的"删除轨道"对话框中可以删除音频轨道。打开"所有空轨道"下拉列表框，在其中可以选择要删除的音频轨道，如图12-8所示。

图 12-7　添加音频轨道

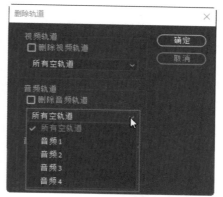

图 12-8　删除音频轨道

12.2.5　在影片中添加音频

将视频素材编辑好以后，通过将音频素材添加到"时间轴"面板的音频轨道上，即可将音频效果添加到影片中。

【练习 12-1】为视频添加背景音乐

01 选择"文件"|"新建"|"项目"命令，新建一个项目文件。

02 选择"文件"|"导入"命令，将视频素材"01. MOV"和音频素材"01.mp3"导入"项目"面板中。

03 在"项目"面板中选择视频素材，然后单击鼠标右键，在弹出的快捷菜单中选择"速度/持续时间"命令，如图 12-9 所示。

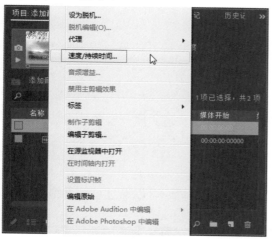

图 12-9　选择"速度 / 持续时间"命令

04 在打开的"剪辑速度 / 持续时间"对话框中设置持续时间为 6s，如图 12-10 所示。

05 新建一个序列，然后将"项目"面板中的视频素材"01.MOV"添加到"时间轴"面板的视频 1 轨

道中，如图 12-11 所示。

图 12-10　设置持续时间

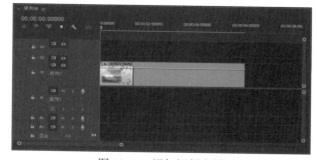

图 12-11　添加视频素材

06 将"项目"面板中的音频素材"01.mp3"拖到"时间轴"面板的音频 1 轨道中，并使其入点与视频轨道中视频素材的入点对齐，如图 12-12 所示。

07 选择"窗口"|"音频仪表"命令，打开"音频仪表"面板，如图 12-13 所示。

图 12-12　添加音频素材

图 12-13　"音频仪表"面板

08 单击"节目监视器"面板下方的"播放-停止切换"按钮 ，可以预览视频效果，并试听添加的音频效果，在"音频仪表"面板中会显示声音的波段，如图 12-14 所示。

图 12-14　显示声音的波段

> **注意**
>
> 默认情况下，"音频仪表"面板存放在工作界面的右下方。

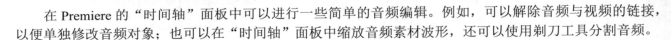

12.3　编辑和设置音频

在 Premiere 的"时间轴"面板中可以进行一些简单的音频编辑。例如，可以解除音频与视频的链接，以便单独修改音频对象；也可以在"时间轴"面板中缩放音频素材波形，还可以使用剃刀工具分割音频。

12.3.1　在"时间轴"面板中查看音频

为了使"时间轴"面板更好地适用于音频编辑，可以进行轨道的折叠/展开、显示音频时间单位、缩放显示音频素材等设置。

1. 折叠/展开轨道

同视频轨道一样，可以通过拖动音频轨道的下边缘，展开或折叠该轨道。展开音频轨道后，会显示轨道中素材的声道和声音波形，如图 12-15 所示。

2. 缩放显示音频素材

在"时间轴"面板中，音频显示过长或过短，都不利于对其进行编辑。可以通过单击并拖动时间轴缩放滑块来缩放显示音频素材，如图 12-16 所示。

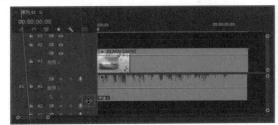

图 12-15　展开音频轨道

图 12-16　拖动时间轴缩放滑块来缩放显示音频素材

3. 显示音频时间单位

默认情况下，"时间轴"面板中的时间单位以视频帧为单位，用户可以通过设置将其修改为音频时间单位。

单击"时间轴"面板右上方的菜单按钮 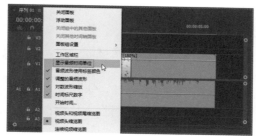，在弹出的菜单中选择"显示音频时间单位"命令，如图 12-17 所示。可以将单位更改为音频时间单位，"时间轴"面板中的音频单位为音频样本或毫秒，如图 12-18 所示。

图 12-17　选择"显示音频时间单位"命令

图 12-18　显示音频时间单位

12.3.2 设置音频单位格式

在监视器面板中进行编辑时，标准测量单位是视频帧。对于可以逐帧精确设置入点和出点的视频编辑而言，这种测量单位已经很完美。但是，对于音频则需要更为精确的设置。例如，如果想编辑一段长度小于一帧的声音，Premiere 就可以使用与帧对应的音频"单位"来显示音频时间。用户可以用毫秒或可能是最小的增量（音频采样）来查看音频单位。

选择"文件"|"项目设置"|"常规"命令，打开"项目设置"对话框，在音频"显示格式"下拉列表中可以设置音频单位的格式为"毫秒"或"音频采样"，如图 12-19 所示。

12.3.3 设置音频的速度和持续时间

在 Premiere 中，不仅可以修剪音频素材的长度，也可以通过修改音频素材的速度或持续时间，来增加或减小音频素材的长度。

在"时间轴"面板中选中要调整的音频素材，然后选择"剪辑"|"速度/持续时间"命令，打开"剪辑速度/持续时间"对话框。在"持续时间"选项中可以对音频的长度进行调整，如图 12-20 所示。

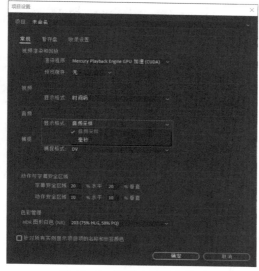

图 12-19　设置音频单位格式

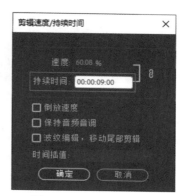

图 12-20　调整持续时间

注意

当改变"剪辑速度/持续时间"对话框中的速度值时，音频的播放速度会发生改变，从而可以使音频的持续时间发生改变，但改变后的音频素材其节奏也改变了。

12.3.4 修剪音频素材的长度

由于修改音频素材的持续时间会改变音频素材的播放速度，因此当音频素材过长时，为了不影响音频素材的播放速度，可以通过如下两种方法修剪音频素材的长度。

一种方法是在"时间轴"面板中向左拖动音频的边缘，如图 12-21 所示，以减小音频素材的长度，如图 12-22 所示。

另一种方法是使用剃刀工具 ◆ 对音频素材进行切割，将多余的音频部分删除，从而改变音频轨道上音频素材的长度。

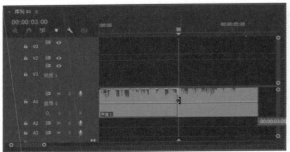

图 12-21　拖动音频的边缘　　　　图 12-22　修改音频素材的长度

【练习 12-2】修改背景音乐的长度

01 创建一个项目文件和一个序列，然后将视频素材和音频素材导入"项目"面板中，如图 12-23 所示。

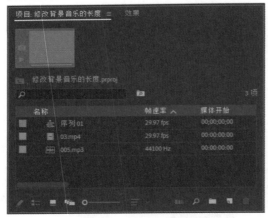

图 12-23　导入素材

02 将视频素材和音频素材分别添加到"时间轴"面板的视频 1 轨道和音频 1 轨道中，如图 12-24 所示。

03 将时间指示器移到视频素材的出点处，然后使用剃刀工具 ◆ 在时间指示器的位置单击音频素材，

对其进行切割，如图 12-25 所示。

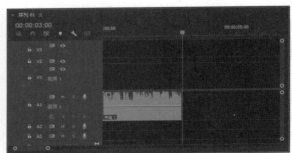

图 12-24　添加素材

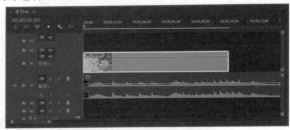

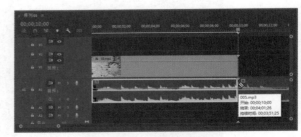

图 12-25　切割音频素材

04 使用选择工具 ▶ 选中被切割的后面部分的音频素材，然后按 Delete 键将其删除，完成对音频素材的修剪操作，效果如图 12-26 所示。

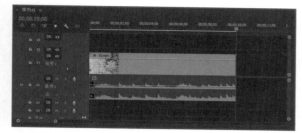

图 12-26　删除多余素材后的效果

注意

由于默认情况下开启了"对齐"功能，因此将时间指示器移到需要的位置后，可以在切割素材时，自动对齐到时间指示器的位置；但如果切割位置离时间指示器太远，"对齐"功能则无效。

12.3.5　音频和视频链接

默认情况下，带音视频素材的视频和音频为链接状态，将带音视频素材放入"时间轴"面板中，会同时选中视频和音频对象。在移动、删除其中一个对象时，另一个对象也将发生相应的操作。在编辑音频素材之前，用户可以根据实际需要，解除视频和音频的链接。

1. 解除音频和视频的链接

将带音视频素材添加到"时间轴"面板中并将其选中，然后选择"剪辑"|"取消链接"命令，或者在"时间轴"面板中右击音频或视频，然后选择"取消链接"命令，即可解除音频和视频的链接。解除链接后，就可以单独选择音频或视频来对其进行编辑。

2. 重新链接音频和视频

在"时间轴"面板中选中要链接的视频和音频素材，然后选择"剪辑"|"链接"命令，或者在"时间轴"面板中右击音频或视频素材，然后从弹出的快捷菜单中选择"链接"命令，即可链接音频和视频素材。

提示

在"时间轴"面板中先选择一个视频或音频素材，然后按住 Shift 键，单击其他素材，即可同时选择多个素材。另外，也可以通过框选的方式同时选择多个素材。

3. 暂时解除音频与视频的链接

Premiere 提供了一种暂时解除音频与视频的链接的方法。用户可以先按住 Alt 键，然后单击素材的音频或视频部分将其选中，再松开 Alt 键，通过这种方式可以暂时解除音频与视频的链接，如图 12-27 所示。暂时解除音频与视频的链接后，可以直接拖动选中的音频或视频，在释放鼠标之前，素材的音频和视频仍然处于链接状态，但是音频和视频不再处于同步状态，如图 12-28 所示。

图 12-27　按住 Alt 键选中音频或视频素材

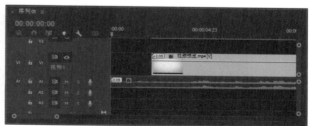

图 12-28　暂时解除音频与视频素材的链接

注意

如果在按住 Alt 键的同时直接拖动素材的音频或视频，则可以对选中的部分进行复制。

4. 设置音频与视频同步

如果暂时解除了音频与视频的链接，素材的音频和视频将处于不同步状态，这时用户可以通过解除音频与视频链接的操作，重新调整音频与视频素材，使其处于同步状态。或是先解除音频与视频的链接，然后在"时间轴"面板中选中要同步的音频和视频，再选择"剪辑"|"同步"命令，打开"同步剪辑"对话框。在该对话框中可以设置素材同步的方式，如图 12-29 所示。

图 12-29　"同步剪辑"对话框

12.3.6　调整音频增益

音频增益指的是音频信号的声调高低。当一个视频片段同时拥有几个音频素材时，就需要平衡这几个素材的增益。如果一个素材的音频信号或高或低，就会严重影响播放时的音频效果。

【练习 12-3】调整音频素材的音频增益

01 在"时间轴"面板中选中需要调整的音频素材。然后选择"剪辑"|"音频选项"|"音频增益"命令，打开"音频增益"对话框，如图 12-30 所示。

图 12-30　"音频增益"对话框

02 单击"调整增益值"选项的数值，然后输入新的数值，修改音频的增益值，如图 12-31 所示。

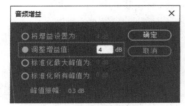

图 12-31　修改增益值

03 完成设置后，播放修改后的音频素材，可以试听音频效果，也可以打开"源监视器"面板，查看

处理前后的音频波形变化，如图 12-32 和图 12-33 所示。

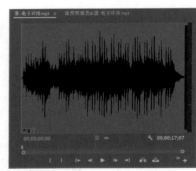

图 12-32　修改前的音频波形图

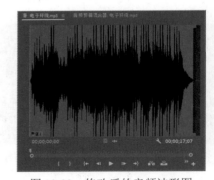

图 12-33　修改后的音频波形图

12.4　应用音频特效

在 Premiere 影视编辑中，可以对音频对象添加特殊效果，如淡入淡出效果、摇摆效果和系统自带的音频效果，从而使音频的内容更加和谐、美妙。

12.4.1　制作淡入淡出的音效

在许多影视片段的开始和结束处，都使用了声音的淡入淡出变化，使场景内容的展示显得更自然和谐。在 Premiere 中可以通过编辑关键帧，为加入到"时间轴"面板中的音频素材制作淡入淡出的效果。

【练习 12-4】制作淡入淡出的音效

01 新建一个项目文件和一个序列，然后将视频和音频素材导入到"项目"面板中，如图 12-34 所示。

图 12-34　导入素材

02 将视频和音频素材分别添加到"时间轴"面板的视频和音频轨道中，如图 12-35 所示。

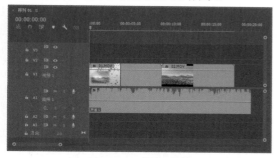

图 12-35　添加素材

03 在"时间轴"面板中向左拖动音频素材的出点，使其与视频素材的出点对齐，如图 12-36 所示。

04 选择音频轨道中的音频素材，然后将时间指示器移到第 0 秒的位置，再单击音频 1 轨道上的"添加 - 移除关键帧"按钮，在此添加一个关键帧，如图 12-37 所示。

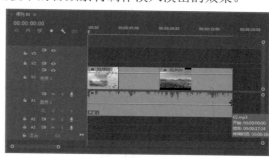

图 12-36　拖动素材出点

图 12-37　添加关键帧

05 将时间指示器移到第 2 秒的位置，继续在音频 1 轨道中为音频素材添加一个关键帧，如图 12-38 所示。

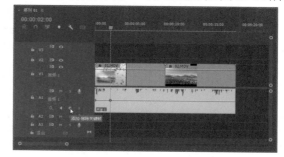

图 12-38　添加关键帧

06 将第 0 秒位置的关键帧向下拖到最下端，使该帧声音大小为 0，制作声音的淡入效果，如图 12-39 所示。

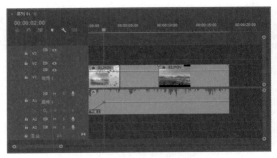

图 12-39 制作声音的淡入效果

07 在第 16 秒和第 18 秒的位置，分别为音频 1 轨道中的音频素材添加一个关键帧，如图 12-40 所示。

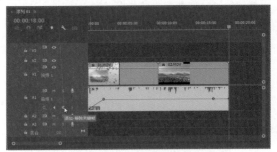

图 12-40 添加关键帧

12.4.2 制作声音的摇摆效果

在"时间轴"面板中进行音频素材的编辑时，在音频素材上的菜单中选择"声像器"|"平衡"命令，可以通过添加控制点来设置音频素材声音的摇摆效果，即把立声道的声音修改为在左右声道间来回切换播放的效果。

【练习 12-5】制作摇摆旋律

01 创建一个项目文件和一个序列，将音频素材导入"项目"面板中，如图 12-42 所示。

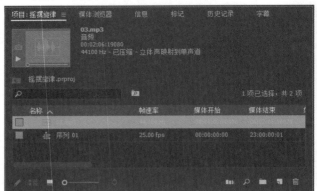

图 12-42 导入素材

08 将第 18 秒的关键帧向下拖到最下端，使该帧声音大小为 0，制作声音的淡出效果，如图 12-41 所示。

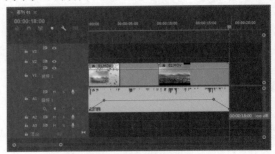

图 12-41 制作声音的淡出效果

09 单击"节目监视器"面板下方的"播放 - 停止切换"按钮 ，可以试听音频的淡入淡出效果。

> **提示**
>
> 用户也可以在"效果控件"面板中通过设置和修改音频素材的音量级别关键帧，制作声音的淡入淡出效果。

02 将音频素材添加到"时间轴"面板的音频 1 轨道中，如图 12-43 所示。

图 12-43 添加素材

03 在音频 1 轨道中右击音频素材上的 图 图标，在弹出的快捷菜单中选择"声像器"|"平衡"命令，如图 12-44 所示。

04 展开音频 1 轨道，当时间指示器处于第 0 秒的位置时，单击音频 1 轨道中的"添加 - 移除关键帧"按钮■，在音频 1 轨道中添加一个关键帧，如图 12-45 所示。

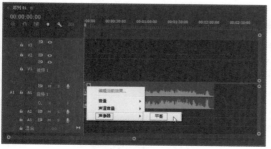

图 12-44　选择"声像器" | "平衡"命令

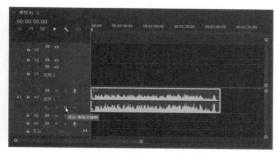

图 12-45　添加关键帧

05 将时间指示器移到第 15 秒的位置，单击音频 1 轨道中的"添加 - 移除关键帧"按钮■，如图 12-46 所示，然后将添加的关键帧向下拖到最下端，如图 12-47 所示。

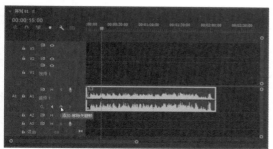

图 12-46　继续添加关键帧

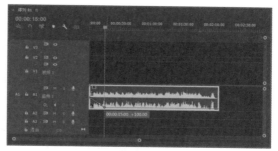

图 12-47　调整关键帧

06 将时间指示器移到第 30 秒的位置，单击音频 1 轨道中的"添加 - 移除关键帧"按钮■，然后将添加的关键帧向上拖到最上端，如图 12-48 所示。

图 12-48　添加并调整关键帧

07 在每隔 15 秒的位置，分别为音频素材添加一个关键帧，并调整各个关键帧的位置，如图 12-49 所示。

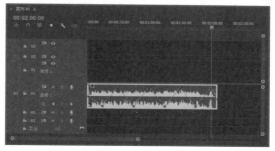

图 12-49　继续添加并调整关键帧

08 单击"节目监视器"面板下方的"播放 - 停止切换"按钮▶，可以试听音乐的摇摆效果。

● 12.4.3　应用音频效果

在 Premiere 的"效果"面板中集成了音频过渡和音频效果。音频过渡中提供了 3 个交叉淡化过渡，如图 12-50 所示。在使用音频过渡效果时，只需要将其拖曳到音频素材的入点或出点位置，然后在"效果控件"面板中进行具体设置即可。

"音频效果"文件夹中存放着多种声音效果文件夹，展开其中的效果文件夹，可以显示所包含的效果命令，如图 12-51 所示。将这些声音效果拖放到"时间轴"面板中的音频素材上，即可对该音频素材应用相应的特效。

图 12-50　音频过渡

图 12-51　音频效果

【练习12-6】为音频素材添加音频效果

01 新建一个项目文件，然后在"项目"面板中导入视频和音频素材，如图 12-52 所示。

图 12-52　导入素材

02 新建一个序列，将视频和音频素材分别添加到视频和音频轨道中，如图 12-53 所示，并调整音频素材和视频素材的出点。

图 12-53　添加素材

03 在"效果"面板中选择"音频效果"|"混响"|"室内混响"效果，如图 12-54 所示，然后将其拖到"时间轴"面板中的音频素材"音乐.wav"上，为音频

素材添加室内混响效果。

图 12-54　选择"室内混响"效果

04 选择"窗口"|"效果控件"命令，在打开的"效果控件"面板中可以设置室内混响音频效果的参数，如图 12-55 所示。

05 单击"节目监视器"面板下方的"播放-停止切换"按钮 ，可以试听添加特效后的音乐效果。

图 12-55　"效果控件"面板

12.5　应用音轨混合器

Premiere 的音轨混合器是音频编辑中最强大的工具之一，在有效地运用该工具之前，应该熟悉其控件和功能。

12.5.1　认识"音轨混合器"面板

选择"窗口"|"音轨混合器"命令，可以打开"音轨混合器"面板，如图 12-56 所示。Premiere 的"音轨混合器"面板可以对音轨素材的播放效果进行编辑和实时控制。"音轨混合器"面板为每一条音轨都提供了一套控制方法，每条音轨也根据"时间轴"面板中的相应音频轨道进行了编号。使用该面板，可以设置每条轨道的音量大小、静音等。

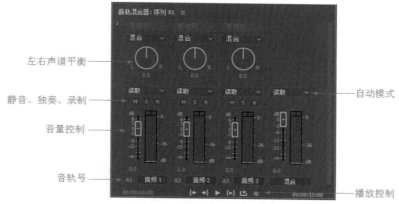

图 12-56　"音轨混合器"面板

- 左右声道平衡：将该按钮向左转用于控制左声道，向右转用于控制右声道。也可以单击按钮下面的数值栏，然后输入数值来控制左右声道，如图 12-57 所示。
- 静音、独奏、录制：M(静音轨道) 按钮控制静音效果；S(独奏轨道) 按钮可以使其他音轨上的片段成为静音效果，只播放该音轨片段；R(启用轨道以进行录制) 按钮用于录音控制，如图 12-58 所示。

图 12-57　左右声道平衡

图 12-58　静音、独奏、录制

- 音量控制：将滑块向上下拖动，可以调节音量的大小，旁边的刻度用来显示音量值，单位是 dB，如图 12-59 所示。
- 音轨号：对应着"时间轴"面板中的各个音频轨道，如图 12-60 所示。如果在"时间轴"面板中增加了一条音频轨道，则在音轨混合器窗口中也会显示出相应的音轨号。

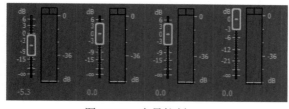

图 12-59　音量控制

图 12-60　音轨号

- 自动模式：在该下拉列表中可以选择一种音频控制模式，如图 12-61 所示。
- 播放控制：这些按钮包括"转到入点""转到出点""播放 - 停止切换""从入点到出点播放视频""循环"和"录制"按钮，如图 12-62 所示。

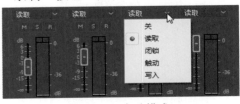

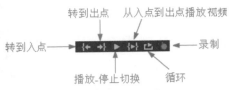

图 12-61　自动模式　　　　　　　　　　　　图 12-62　播放控制按钮

12.5.2　声像调节和平衡控件

在输出到立体声轨道或 5.1 轨道时，"左 / 右平衡"旋钮用于控制单声道轨道的级别。因此，通过声像平衡调节，可以增强声音效果 (比如随着鸟儿从视频监视器的右边进入视野，右声道中发出鸟儿的鸣叫声)。

平衡用于重新分配立体声轨道和 5.1 轨道中的输出。在一条声道中增加声音级别的同时，另一条声道的声音级别将减少，反之亦然。可以根据正在处理的轨道类型，使用"左 / 右平衡"旋钮来控制平衡和声像调节。在使用声像调节或平衡时，可以单击并拖动"左 / 右平衡"旋钮上的指示器，或拖动旋钮下方的数字读数，也可以单击数字读数并输入一个数值，分别如图 12-63、图 12-64 和图 12-65 所示。

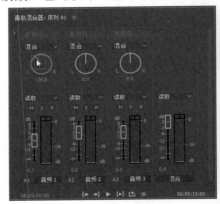

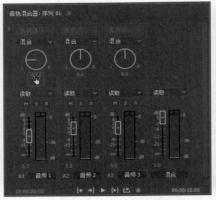

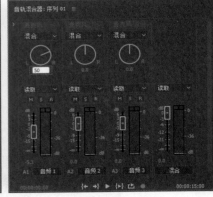

图 12-63　拖动指示器　　　　　　　图 12-64　拖动数字　　　　　　　图 12-65　输入数值

12.5.3　添加效果

在进行音频编辑的操作中，可以将效果添加到音轨混合器中。先在"音轨混合器"面板的左上角单击"显示/隐藏效果和发送"按钮▶，如图 12-66 所示，展开效果区域。然后将效果加载到音轨混合器的效果区域，再调整效果的个别控件，如图 12-67 所示。

 注意

在"音轨混合器"面板中，一个效果控件显示为一个旋钮。用户可以同时对一条音频轨道添加 1 到 5 种效果。

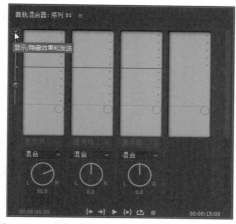

图 12-66　单击"显示 / 隐藏效果和发送"按钮

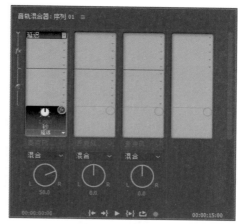

图 12-67　加载效果

【练习 12-7】在音轨混合器中应用音频效果

01 新建一个项目文件和一个序列，然后导入音频素材，并将其添加到"时间轴"面板的音频 1 轨道中，如图 12-68 所示。

图 12-68　导入并添加音频素材

02 展开音频 1 轨道，在音频 1 轨道中单击"显示关键帧"按钮◆，然后选择"轨道关键帧"|"音量"命令，如图 12-69 所示。

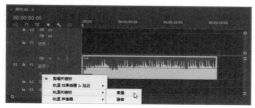

图 12-69　选择"音量"命令

03 选择"窗口"|"音轨混合器"命令，打开"音轨混合器"面板。然后在"音轨混合器"面板的左上角单击"显示/隐藏效果和发送"按钮▶，展开效果区域。

04 在要应用效果的轨道中，单击效果区域中的"效果选择"下拉按钮，打开一个音频效果列表，从效果列表中选择想要应用的效果，如图 12-70 所示。

在"音轨混合器"面板的效果区域会显示该效果，如图 12-71 所示。

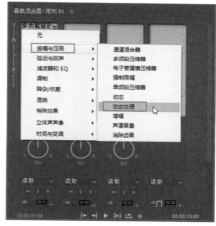

图 12-70　选择要应用的效果

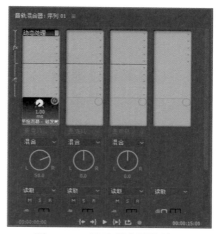

图 12-71　显示所应用的效果

05 如果要切换到效果的另一个控件，可以单击控件名称右方的下拉按钮，并在弹出的下拉列表中选择另一个控件，如图12-72所示。

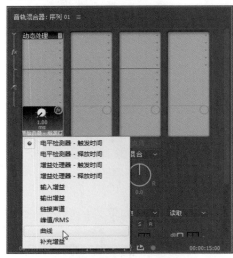

图12-72　选择另一个控件

06 单击音频1中的"自动模式"下拉按钮，然后在弹出的下拉菜单中选择"触动"命令，如图12-73所示。

07 单击"音轨混合器"面板中的"播放-停止切换"按钮 ▶，同时根据需要调整效果音量，如图12-74所示。调整后的轨道关键帧将发生相应的变化，效果如图12-75所示。

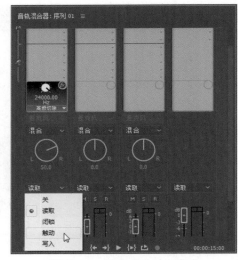

图12-73　选择"触动"模式

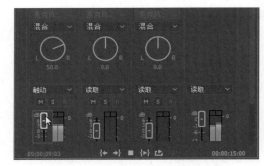

图12-74　根据需要调整效果音量

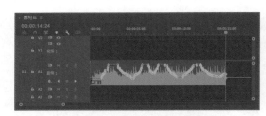

图12-75　调整后的轨道关键帧

● 12.5.4　关闭音频效果

在"音轨混合器"面板中单击效果控件旋钮右边的旁路开关按钮 🔘，在该图标上会出现一条斜线，此时可以关闭相应的音频效果，如图12-76所示。如果要重新开启该音频效果，只需再次单击旁路开关按钮即可。

● 12.5.5　移除音频效果

如果要移除"音轨混合器"面板中的音频效果，可以单击该效果名称右边的"效果选择"下拉按钮，然后在下拉列表中选择"无"选项即可，如图12-77所示。

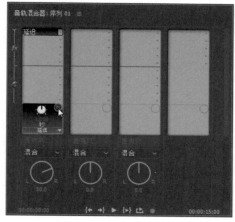

图 12-76　关闭音频效果

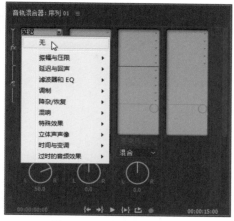

图 12-77　移除音频效果

12.6　本章小结

本章主要介绍了音频的基础知识以及音频编辑的操作方法。通过本章的学习，读者应该重点掌握在"时间轴"面板中添加和编辑音频素材的方法、设置音频轨道关键帧以及使用音轨混合器对音频素材进行编辑，并熟悉常用音频效果的作用及使用方法。

12.7　思考与练习

1. 声音的位深越大，它的采样率就越高，声音文件也会越_____。
2. 音频轨道中用来控制所有音频轨道的组合输出的是_____。
3. 音频增益指的是音频信号的_____。
4. 音频轨道的类型主要有_____。
5. 修改音频素材的速度后，该音频素材的_____也将被改变。
6. 音频采样是指什么？
7. "音轨混合器"面板的作用是什么？
8. 在"项目"面板中导入视频素材和音频素材，并将素材添加到"时间轴"面板的轨道中进行编辑，然后调整音频素材的持续时间，再对音频素材制作淡入淡出的效果，并用音轨混合器添加音频效果和调整音频的音量。

第13章 渲染与输出

在应用 Premiere 编辑视频的过程中，如果添加了视频过渡和视频效果等特效，要想看到实时的画面效果，就需要对工作区进行渲染。当完成项目的编辑后，需要将项目输出为影片，以便在其他计算机中对影片效果进行保存和观看。本章将介绍项目渲染和输出的操作方法及相关知识，包括项目的渲染和生成、项目文件导出的格式、图片导出与设置、视频导出与设置、音频导出与设置等操作。

本章重点

- 项目渲染
- 项目输出

二维码教学视频

【练习 13-1】导出影片文件
【练习 13-2】导出序列图片
【练习 13-3】导出单帧图片
【练习 13-4】导出音频文件

13.1　项目渲染

在 Premiere 中，渲染是在编辑过程中不生成文件而只浏览节目实际效果的一种播放方式。在编辑工作中应用渲染，可以检查素材之间的组接关系和观看应用特效后的效果。由于渲染可以采用较低的画面质量，因此速度比输出节目快，便于随时对节目进行修改，从而能够提高编辑效率。

13.1.1　Premiere 的渲染方式

Premiere 对项目文件支持两种渲染方式：实时渲染和生成渲染。

1. 实时渲染

实时渲染支持所有的视频效果、过渡效果、运动设置和字幕效果。使用实时渲染不需要进行任何生成工作，可节省时间。如果在项目中应用了较复杂的效果，可以降低画面品质或降低帧速率，以便在渲染过程中达到正常的渲染效果。

2. 生成渲染

生成渲染需要对序列中的所有内容和效果进行生成。生成的时间与序列中素材的复杂程度有关。使用生成渲染播放视频的质量较高，便于检查细节上的纰漏，通常只选择一部分内容进行生成渲染。

注意

当视频素材不能以正常帧速率播放时，"时间轴"面板的时间标尺处将出现红线提示；当能够以正常帧速率播放时，"时间轴"面板的时间标尺处将出现绿线提示。

13.1.2　渲染文件的暂存盘设置

实时渲染和生成渲染在渲染视频时都会生成渲染文件。为了提高渲染的速度，应选择转速快、空间大的本地硬盘来暂存渲染文件。

选择"文件"|"项目设置"|"暂存盘"命令，打开"项目设置"对话框。可以在"视频预览"和"音频预览"选项中设置渲染文件的暂存盘路径，如图13-1 所示。

图 13-1　设置渲染文件的暂存盘路径

13.1.3　项目的渲染与生成

完成视频作品的后期编辑处理后，选择"序列"|"渲染入点到出点"命令，即可渲染入点到出点的效果。此时将会出现正在渲染的进度，如图 13-2 所示。

渲染文件生成后，在"时间轴"面板中的工作区上方和时间标尺下方之间的红线会变成绿线，表明相应的视频素材片段已经生成了渲染文件，在"节目监视器"中将自动播放渲染后的效果。生成的渲染文件将暂存在所设置的暂存盘文件夹中，如图 13-3 所示。

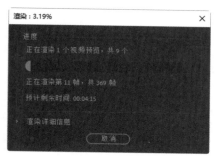

图 13-2　渲染进度

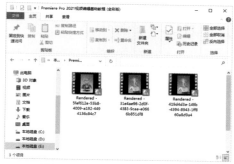

图 13-3　暂存的渲染文件

 注意

如果项目文件未被保存，在退出 Premiere 后，暂存的渲染文件将会被自动删除。

13.2　项目输出

项目输出工作就是对编辑好的项目进行导出，将其发布为最终作品。在完成 Premiere 项目的视频和音频编辑后，即可将其作为数字文件输出，以进行观赏。

13.2.1　项目输出类型

在 Premiere 中，可以将项目以多种类型的对象进行输出。选择"文件"|"导出"命令，可以在弹出的子菜单中选择导出文件的类型，如图 13-4 所示。

在 Premiere Pro 2021 中，项目输出类型主要有如下几种。

图 13-4　文件的导出类型

- 媒体：用于导出影片文件，是常用的导出方式。
- 字幕：用于导出字幕文件。
- 磁带：导出到磁带中。
- EDL：将项目文件导出为 EDL 格式。EDL(Editorial Determination List，编辑决策列表) 是一个表格形式的列表，由时间码值形式的电影剪辑数据组成。EDL 是在编辑时由很多编辑系统自动生成的，并可保存到磁盘中。当在脱机/联机模式下工作时，EDL 极为重要。脱机模式下生成的 EDL 会被读入到联机系统中，作为最终剪辑的基础。
- OMF：将项目文件导出为 OMF 格式。

- AAF：将项目文件导出为 AAF 格式。AAF(Advanced Authoring Format) 意为"高级制作格式"，是一种用于多媒体创作及后期制作、面向企业界的开放式标准。AAF 是自非线性编辑系统之后电视制作领域最重要的新进展之一，它解决了多用户、跨平台以及多台计算机协同进行创作的问题，给后期制作带来了极大便利。

- Final Cut Pro XML：将项目文件导出为 XML 格式。XML(Extensible Markup Language) 意为"可扩展标记语言"，它与 HTML 一样，都是 SGML(Standard Generalized Markup Language，标准通用标记语言)。XML 是 Internet 环境中跨平台的、依赖于内容的技术，是当前处理结构化文档信息的有力工具。

13.2.2 影片的导出与设置

在 Premiere Pro 2021 中，将项目文件作为影片导出的格式通常包括 Windows Media、AVI、QuickTime 和 MEPG 等，用户可以在计算机中直接双击这些格式的视频对象进行观看。

1. 影片导出的常用设置

在导出项目的设置中，可以在"导出设置"对话框中进行必要的设置，以便达到需要的导出效果。

选择"文件"|"导出"|"媒体"命令，可以在"导出设置"对话框中进行基本的导出设置，包括导出的源范围、导出的类型和格式、视频设置和音频设置等，如图 13-5 所示。

图 13-5 "导出设置"对话框

1) 预览视频效果

在"导出设置"对话框中选择"源"选项卡，可以预览源文件的效果；选择"输出"选项卡，可以预览基于当前设置的视频效果。

2) 设置导出内容

在"导出设置"对话框下方单击"源范围"下拉按钮，在弹出的下拉列表中可以选择要导出的内容是整个序列还是工作区域，或是其他内容，如图 13-6 所示。

3) 设置导出格式

在"导出设置"对话框右方单击"导出设置"选项组中的"格式"下拉按钮，在弹出的下拉列表中可以选择导出项目的格式，其中包括各种图片和视频格式，如图 13-7 所示。

图 13-6　选择要导出的内容　　　　　图 13-7　选择导出的格式

4) 设置视频编解码器

当设置导出格式为 AVI 格式时，可以选择视频编解码器。在"导出设置"对话框右方选择"视频"选项卡，单击其中的"视频编解码器"下拉按钮，在弹出的下拉列表中可以选择导出影片的视频编解码器，如图 13-8 所示。

5) 基本视频设置

在"视频"选项卡中展开"基本视频设置"选项组，在其中可以设置视频画面的质量、宽度、高度和帧速率等，如图 13-9 所示。

图 13-8　选择视频编解码器　　　　　图 13-9　基本视频设置

 注意

对影片设置不同的视频编解码器，得到的视频质量和视频大小也不相同。

6) 画面裁剪

在导出文件前，用户可以根据需要对源视频进行裁剪，还可以对画面裁剪的纵横比进行设置。

选择"源"选项卡，然后选择"裁剪导出视频"工具 进行裁剪。如果要使用像素精确地进行裁剪，可以分别单击"左侧""顶部""右侧"或"底部"右侧的数字并输入准确的值。另外，可以在想保留的视频区域上单击并拖动一角，此时会显示一个读数，表示以像素为单位的帧大小，如图 13-10 所示。

图 13-10　裁剪源视频

如果想更改裁剪的纵横比，可以单击"裁剪比例"下拉按钮，然后在弹出的下拉列表中选择所需要的裁剪纵横比，如图 13-11 所示。

要预览裁剪的视频效果，可以选择"输出"选项卡。如果想缩放视频的帧大小以填充剪裁边框，可以在"源缩放"下拉列表中选择"缩放以填充"选项，如图 13-12 所示。

图 13-11　选择裁剪纵横比

图 13-12　预览视频裁剪效果

7) 保存、导出和删除预设

如果对预设进行更改，可以将自定义预设保存到磁盘中，以便以后使用。在保存预设后，还可以导入或删除它们。

- 保存预设：要保存一个编辑过的预设以备将来使用，或以之作为比较导出效果的样本，则单击"保存预设"按钮 ，如图 13-13 所示。在打开的"选择名称"对话框中输入名称。如果想保存效果设置，就选中"保存效果设置"复选框；如果想保存发布设置，则选中"保存发布设置"复选框，如图 13-14 所示。

图 13-13　单击"保存预设"按钮

图 13-14　"选择名称"对话框

- 导入预设：导入自定义预设的最简单方法是单击"预设"下拉按钮，并从下拉列表的顶部选择它。

另外，可以单击"导入预设"按钮，然后从磁盘加载预设，预设文件的扩展名为 .epr，如图 13-15 所示。

- 删除预设：要删除预设，首先加载预设，然后单击"删除预设"按钮，在所出现的对话框中会显示一条警告，警告此删除过程不可恢复，如图 13-16 所示。

图 13-15 加载预设

图 13-16 删除预设

2. 导出影片对象

要将编辑好的项目导出为影片对象，首先需要在"时间轴"面板中选中要导出的序列，然后选择"文件"|"导出"|"媒体"命令对其进行导出。

【练习 13-1】导出影片文件

01 打开"导出影片.prproj"文件，单击"时间轴"面板中的"序列 01"将其选中，如图 13-17 所示。

图 13-17 选中要导出的序列

02 选择"文件"|"导出"|"媒体"命令，打开"导出设置"对话框。在"导出设置"对话框下方单击"源范围"下拉按钮，在弹出的下拉列表中选择 Premiere 项目要导出的内容为"整个序列"，如图 13-18 所示。

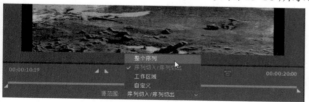

图 13-18 导出整个序列

03 在"导出设置"对话框下方单击"适合"下拉按钮，在弹出的下拉列表中选择导出影片的比例为 100%，如图 13-19 所示。

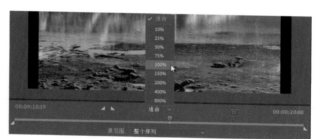

图 13-19 选择要导出影片的比例

04 在"导出设置"选项组中单击"格式"下拉按钮，在弹出的下拉列表中选择导出项目的影片格式为 MPEG4，如图 13-20 所示。

图 13-20 选择导出的影片格式

05 在"导出设置"选项组中单击"输出名称"选项，如图 13-21 所示。然后在打开的"另存为"对话框中设置导出的路径和文件名，如图 13-22 所示。

图 13-21　单击"输出名称"选项

图 13-22　设置路径和文件名

06 根据需要设置导出的类型，如果不想导出音频，可以取消选中"导出音频"复选框，如图 13-23 所示。

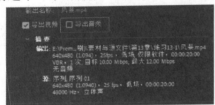

图 13-23　设置导出的类型

07 展开"视频"选项卡，在其中可更改视频设置，如视频的宽度和高度、帧速率和电视标准等，如图 13-24 所示。

图 13-24　更改视频设置

08 单击"导出"按钮，即可将项目序列导出为指定的视频文件。然后使用播放软件即可播放导出的视频文件，如图 13-25 所示。

图 13-25　播放视频文件

注意

蓝光 (blue-ray) 是一种高清 DVD 磁盘格式，该格式提供了标准的 4.7GB 单层 DVD 5 倍以上的存储容量 (双面蓝光可以存储 50GB，这可以提供高达 9 小时的高清晰度内容或 23 小时的标准清晰度内容)。这种格式之所以被称为蓝光，是因为它使用蓝紫激光而不是传统的红色激光来读写数据。

● 13.2.3　图片的导出与设置

在 Premiere 中，不仅可以将编辑好的项目文件导出为影片格式，还可以将其导出为序列图片或单帧图片。

● 1. 图片的导出格式

在 Premiere Pro 2021 中可以将编辑好的项目文件导出为图片格式，其中包括 BMP、GIF、TAG、TIF、JPG 和 PNG 格式。

● BMP(Bitmap)：这是一种由 Microsoft 公司开发的位图文件格式。几乎所有的常用图像软件都支持这种格式。该格式的图像支持 1 位、4 位、8 位、16 位、24 位和 32 位颜色，对图像大小无限制，并支持 RLE 压缩，缺点是占用空间大。

- GIF：流行于 Internet 上的图像格式，是一种较为特殊的格式。
- TAG(Targa)：这是一种由 True Vision 公司开发的位图文件格式，是国际上的图形图像工业标准，是一种常用于数字化图像等高质量图像的格式。一般文件为 24 位和 32 位，是使图像由计算机向电视转换的首选格式。
- TIF(TIFF)：这是一种由 Aldus 公司开发的位图文件格式，支持大部分操作系统，支持 24 位颜色，对图像大小无限制，支持 RLE、LZW、CCITT 以及 JPEG 压缩。
- JPG(JPEG)：JPG 图片以 24 位颜色存储单个光栅图像。JPG 是与平台无关的格式，支持最高级别的压缩，不过这种压缩是有损耗的。
- PNG：是一种于 20 世纪 90 年代中期开始开发的图像文件存储格式，其目的是试图替代 GIF 和 TIF 文件格式，同时增加一些 GIF 文件格式所不具备的特性。

2. 导出序列图片

编辑好项目文件后，可以将项目文件中的序列导出为序列图片，即以序列图片的形式显示序列中每一帧的图片效果。

【练习 13-2】导出序列图片

01 打开"导出影片.prproj"项目文件，在"时间轴"面板中选择要导出的序列。

02 选择"文件"|"导出"|"媒体"命令，打开"导出设置"对话框。然后单击"格式"下拉按钮，在弹出的下拉列表中选择导出的图片格式为 JPEG，如图 13-26 所示。

图 13-26　选择导出的图片格式

图 13-27　设置保存路径和名称

图 13-28　设置图片属性

03 在"导出名称"选项中单击导出的名称，打开"另存为"对话框，设置存储文件的名称和路径后，单击"保存"按钮，如图 13-27 所示。

04 返回"导出设置"对话框，在"视频"选项卡中设置图片的质量、宽度和高度，并保持选中"导出为序列"复选框，然后设置"帧速率"值，如图 13-28 所示。

注意

要设置导出图片的宽度、高度、帧速率和长宽比，首先要取消选中各选项后面的复选框。

05 单击"导出"按钮导出项目序列，会导出静止图像的序列，视频的每个帧导出一个序列，本例导出的序列图像如图 13-29 所示。

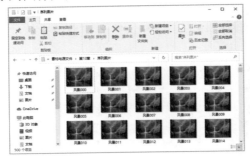

图 13-29　预览导出的序列图像效果

3. 导出单帧图片

在进行项目文件的创建时，有时需要将项目中的某一帧画面导出为静态图片文件，例如，对影片项目中制作的视频特效画面进行取样操作等。

【练习 13-3】导出单帧图片

01 打开"导出影片.prproj"项目文件，然后在"时间轴"面板中将时间指示器拖到需要导出帧的位置，如图 13-30 所示。

图 13-30　定位时间指示器

02 在"节目监视器"面板中可以预览当前帧的画面，确定需要导出内容的画面，如图 13-31 所示。

图 13-31　预览画面

03 选择"文件"|"导出"|"媒体"命令，打开"导出设置"对话框，单击"格式"下拉按钮，在弹出的下拉列表中选择导出的图片格式为 TIFF，如图 13-32 所示。

图 13-32　选择导出的图片格式

04 在"导出名称"选项中单击导出的名称，打开"另存为"对话框，设置存储文件的名称和路径。

05 返回"导出设置"对话框，在"基本设置"选项组中设置图片的宽度和高度。取消选中"导出为序列"复选框，然后单击"导出"按钮导出图片，如图 13-33 所示。

图 13-33　设置图片属性

06 导出项目序列后，即可在导出位置预览导出的单帧图片效果，如图 13-34 所示。

图 13-34　预览单帧图片效果

> **注意**
>
> 要将项目序列中的某帧图像导出为单帧图片，一定要在"基本设置"选项组中取消选中"导出为序列"复选框。

● 13.2.4　音频的导出与设置

在 Premiere 中，除了可以将编辑好的项目导出为图片文件和影音文件外，也可以将项目文件导出为纯音频文件。Premiere Pro 2021 可以导出的音频文件包括 WAV、MP3、ACC 等格式。下面通过具体的练习讲解音频文件的导出及设置。

【练习 13-4】导出音频文件

01 打开"导出影片 .prproj"项目文件，选择"文件"|"导出"|"媒体"命令，打开"导出设置"对话框，在"格式"下拉列表框中选择一种音频格式（如"波形音频"），如图 13-35 所示。

图 13-35　选择音频格式

02 在"导出名称"选项中单击导出的名称，打开"另存为"对话框，设置存储文件的名称和路径，然后单击"保存"按钮，如图 13-36 所示。

图 13-36　设置文件的路径和名称

03 在"音频编解码器"下拉列表框中选择需要的编解码器，如图 13-37 所示。

图 13-37　设置音频编解码器

04 在"采样率"下拉列表框中选择需要的音频采样率，如图 13-38 所示。

图 13-38　设置音频采样率

● 采样率：降低采样率可以减少文件大小，并加速最终产品的渲染。采样率越高，质量越好，但处理时间也越长。例如，CD 品质的采样率是 44kHz。

● 样本大小：立体 32 位是最高设置，8 位单声道是最低设置。样本大小的位深度越低，生成的文件就越小，渲染时间也会减少。

05 在"声道"选项中选择声道模式,然后单击"导出"按钮,即可将项目文件导出为音频文件,如图 13-39 所示。

图 13-39　选择声道

06 在相应的位置可以找到所导出的音频文件,并且可以双击该文件进行播放,如图 13-40 所示。

图 13-40　播放音频文件

13.3　本章小结

　　本章介绍了项目渲染和项目输出的相关操作与知识,包括项目的渲染与生成、项目导出的格式、图片的导出与设置、影片的导出与设置、音频的导出与设置等。通过本章的学习,读者应能了解编解码格式,掌握项目渲染的方法以及各种视频和音频的导出与设置方法。

13.4　思考与练习

1. 在 Premiere 中,可以将项目文件作为视频导出的格式通常包括_____。
2. 在导出编辑好的视频之前,首先需要在"时间轴"面板中选中_____,然后在"导出设置"对话框中进行基本的设置。
3. 在 Premiere 中,不仅可以将编辑好的项目文件导出为影片格式,还可以将其导出为序列图片或_____。
4. Premiere Pro 2021 可以导出的音频文件包括_____等格式。
5. 降低音频的_____设置可以减少文件的大小,并加速最终产品的渲染。
6. Premiere 支持哪几种渲染方式,每种渲染方式有什么特点?
7. 启动 Premiere Pro 2021 应用程序,打开"电子相册"项目文件,选中要导出的序列,将项目文件导出为带有视频和音频的影音文件。

第14章 案例应用

对于初学者而言，应用 Premiere 进行实际的案例制作还比较陌生。本章将通过制作婚礼 MV 来讲解本书所学知识的具体应用，帮助初学者掌握 Premiere 在实际工作中的应用，并达到举一反三的效果，为今后的影视后期制作工作奠定良好基础。

本章重点

- 案例分析
- 案例制作

二维码教学视频

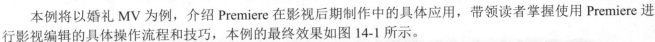

14.1 案例效果

本例将以婚礼 MV 为例，介绍 Premiere 在影视后期制作中的具体应用，带领读者掌握使用 Premiere 进行影视编辑的具体操作流程和技巧，本例的最终效果如图 14-1 所示。

图 14-1　婚礼 MV 的最终效果

14.2 案例分析

在制作该影片前，首先要构思该宣传片所要展现的内容和希望达到的效果，然后收集需要的素材，再使用 Premiere 进行视频编辑。

(1) 收集或制作所需要的素材，然后导入 Premiere 中进行编辑。

(2) 选用合适的背景素材，根据视频所需长度，在 Premiere 中对背景素材的长度进行调整。

(3) 根据视频所需长度，调整各个照片素材所需的持续时间。

(4) 根据背景素材的效果，适当调整各个照片素材在"时间轴"面板中的入点位置。

(5) 对背景素材应用键控效果，丰富视频画面。

(6) 在字幕设计器中创建需要的字幕，然后根据需要将这些字幕添加到"时间轴"面板的视频轨道中。

(7) 对素材添加视频运动效果和淡入淡出效果，使影片效果更加丰富。

(8) 添加合适的音乐素材，并根据视频所需长度，对音乐素材进行编辑。

14.3 案例制作

根据对本综合案例的分析，可以将其分为 7 个主要部分进行制作：创建项目文件、添加素材、编辑影片素材、创建影片字幕、编辑字幕动画效果、编辑音频素材和输出影片文件，具体操作如下。

14.3.1　创建项目

01 启动 Premiere Pro 2021 应用程序，在欢迎界面中单击"新建项目"按钮，或在 Premiere 工作窗口中选择"文件"|"新建"|"项目"命令，然后在打开的"新建项目"对话框中设置文件的名称，如图 14-2 所示。

02 在"新建项目"对话框中单击"浏览"按钮，在打开的"请选择新项目的目标路径。"对话框中设置项目的保存路径，如图 14-3 所示。

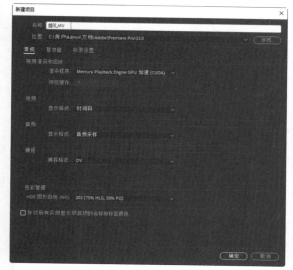

图 14-2 设置项目名称

图 14-3 设置项目的保存路径

03 选择"编辑"|"首选项"|"时间轴"命令，打开"首选项"对话框，设置"静止图像默认持续时间"为4秒，如图 14-4 所示。

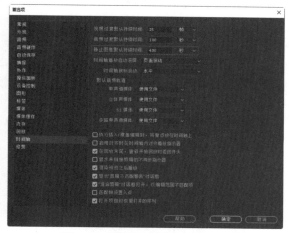

图 14-4 设置图像默认持续时间

04 选择"文件"|"新建"|"序列"命令，打开"新建序列"对话框，选择"标准 32kHz"预设类型，如图 14-5 所示。

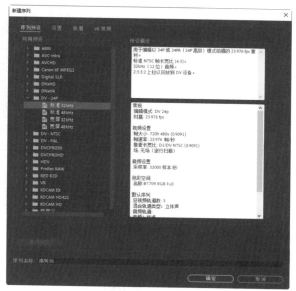

图 14-5 选择预设类型

05 选择"设置"选项卡，在"编辑模式"下拉列表框中选择"DV 24p"视频编辑模式，如图 14-6 所示。

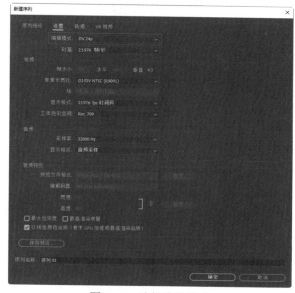

图 14-6 选择编辑模式

06 选择"轨道"选项卡，设置视频轨道数量为4，然后单击"确定"按钮，如图 14-7 所示。

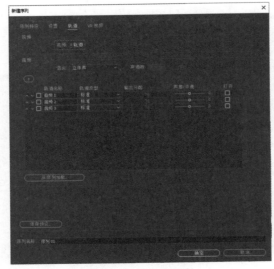

图 14-7　设置轨道数

14.3.2　添加素材

01 选择"文件"|"导入"命令，打开"导入"对话框，导入本例中需要的素材，如图 14-8 所示。

图 14-8　导入素材

02 在"项目"面板中单击"新建素材箱"按钮，创建 3 个素材箱，然后分别对各个素材箱进行命名，如图 14-9 所示。

图 14-9　新建素材箱

03 在"项目"面板中将照片、视频和音乐素材分别拖入对应的文件夹中，对项目中的素材进行分类管理，如图 14-10 所示。

图 14-10　管理素材

04 选中"项目"面板中所有的照片素材，然后选择"剪辑"|"速度/持续时间"命令，打开"剪辑速度/持续时间"对话框，设置照片的持续时间为 7 秒，如图 14-11 所示。

图 14-11　设置持续时间

14.3.3　编辑影片

01 将"爱心背景.mp4"和"光效.mp4"素材添加到"时间轴"面板的视频 2 轨道和视频 3 轨道中，各素材的入点位置为第 0 秒，如图 14-12 所示。

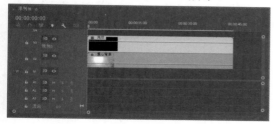

图 14-12　添加背景和光效素材

02 将时间轴指示器移到第 3 秒的位置，在"节目监视器"面板中预览到的效果如图 14-13 所示。

图 14-13　预览效果

03 选择视频 3 轨道中的"光效.mp4"素材，打开"效果控件"面板，展开"不透明度"选项组，在"混合模式"下拉列表中选择"变亮"选项，如图 14-14 所示。

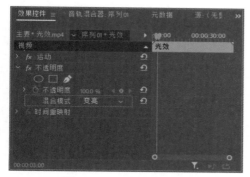

图 14-14　设置混合模式

04 在"节目监视器"面板中对影片进行预览，效果如图 14-15 所示。

05 将各个照片素材添加到"时间轴"面板的视频 1 轨道中，各素材的入点位置分别为第 4 秒、第 12 秒、第 21 秒、第 29 秒、第 37 秒，如图 14-16 所示。

图 14-15　预览效果

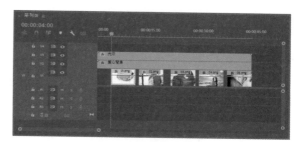

图 14-16　添加照片素材

06 将时间轴指示器移到第 7 秒的位置，在"节目监视器"面板中预览到的效果如图 14-17 所示。

图 14-17　预览效果

07 打开"效果"面板，展开"视频效果"|"键控"素材箱，然后选中"颜色键"效果，如图 14-18 所示。

图 14-18　选中"颜色键"效果

08 将"颜色键"效果添加到视频 2 轨道中的"爱心背景.mp4"素材上，然后切换到"效果控件"面板中，单击"主要颜色"选项右方的吸管工具，如图 14-19 所示。

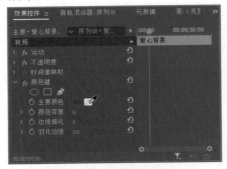

图 14-19 单击吸管工具

09 将光标移到"节目监视器"面板中，吸取心形中的绿色作为抠图的颜色，如图 14-20 所示。

图 14-20 吸取抠图的颜色

10 在"效果控件"面板中，设置"颜色容差"为 30、"边缘细化"为 5、"羽化边缘"为 30，如图 14-21 所示。

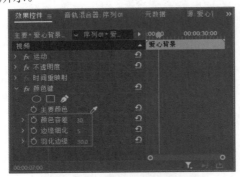

图 14-21 设置颜色键参数

11 在"节目监视器"面板中对"颜色键"效果进行预览，效果如图 14-22 所示。

12 选择视频 1 轨道中的"01.png"素材，切换到"效果控件"面板中，在第 4 秒的位置为"缩放"选项添加一个关键帧，设置缩放值为 200，如图 14-23 所示。

图 14-22 预览效果

图 14-23 添加并设置关键帧

13 在第 7 秒的位置为"缩放"选项添加一个关键帧，设置缩放值为 80，如图 14-24 所示。

图 14-24 添加并设置关键帧

14 在"效果控件"面板中框选所创建的缩放关键帧，然后单击鼠标右键，在弹出的快捷菜单中选择"复制"命令，如图 14-25 所示。

图 14-25 选择"复制"命令

15 在"时间轴"面板中选择视频 1 轨道中的"02. png"素材，将时间指示器移到第 12 秒的位置，然后在"效果控件"面板中单击鼠标右键，在弹出的快捷菜单中选择"粘贴"命令，如图 14-26 所示。

图 14-26　选择"粘贴"命令

16 在第 21 秒、第 29 秒、第 37 秒的位置分别为"03. png""04.png"和"05.png"素材粘贴所复制的缩放关键帧。

17 在"节目监视器"面板中预览影片的缩放动画，效果如图 14-27 所示。

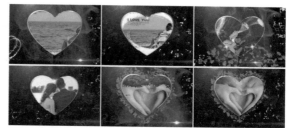

图 14-27　预览影片的缩放效果

14.3.4　创建字幕

01 选择"文件"|"新建"|"旧版标题"菜单命令，在打开的"新建字幕"对话框中输入字幕名称并单击"确定"按钮，如图 14-28 所示。

图 14-28　输入字幕名称

02 在字幕设计器中单击工具栏上的"文字工具"按钮，在绘图区单击鼠标并输入文字内容，然后适当调整文字的位置、字体、字体大小和行距，如图 14-29 所示。

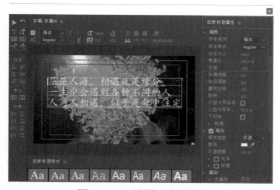

图 14-29　设置文字属性

03 在"字幕属性"面板中向下拖动滚动条，然后

选中"阴影"复选框，设置阴影的颜色为红色，设置阴影的大小为 81，如图 14-30 所示。

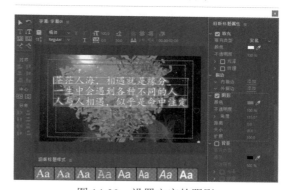

图 14-30　设置文字的阴影

04 关闭字幕设计器，使用同样的方法创建其他字幕。在"项目"面板中新建一个名为"字幕"的素材箱，将创建的字幕拖入该素材箱中，如图 14-31 所示。

图 14-31　创建其他字幕对象

● 14.3.5　编辑字幕动画

01 分别在第 0 秒、第 5 秒、第 10 秒、第 15 秒、第 20 秒、第 25 秒、第 30 秒、第 35 秒和第 40 秒的位置，依次将"字幕 01~ 字幕 09"素材添加到视频 4 轨道中，效果如图 14-32 所示。

图 14-32　添加字幕素材

02 选择视频 4 轨道中的"字幕 01"素材，然后打开"效果控件"面板，在第 0 秒的位置为"缩放"选项添加一个关键帧，如图 14-33 所示。

图 14-33　添加并设置关键帧

03 在第 2 秒的位置为"缩放"选项添加一个关键帧，设置缩放值为 80，如图 14-34 所示。

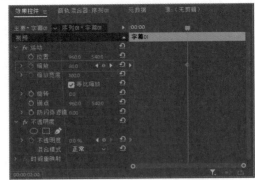

图 14-34　添加并设置关键帧

04 在第 0 秒的位置为"不透明度"选项添加一个

关键帧，设置不透明度为 0，如图 14-35 所示。

图 14-35　添加并设置关键帧

05 在第 0 秒 15 帧的位置为"不透明度"选项添加一个关键帧，设置不透明度为 100%，制作渐现效果，如图 14-36 所示。

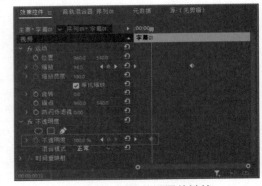

图 14-36　添加并设置关键帧

06 分别在第 3 秒 15 帧和第 3 秒 24 帧的位置为"不透明度"选项各添加一个关键帧，保持第 3 秒 15 帧的参数不变，设置第 3 秒 24 帧的不透明度为 0，制作渐隐效果，如图 14-37 所示。

图 14-37　添加并设置关键帧

07 在"效果控件"面板中框选已创建好的所有关键帧，然后单击鼠标右键，在弹出的快捷菜单中选择"复制"命令，如图 14-38 所示。

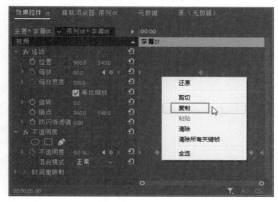

图 14-38 选择"复制"命令

08 分别在第 5 秒、第 10 秒、第 15 秒、第 20 秒、第 25 秒、第 30 秒、第 35 秒和第 40 秒的位置，依次为其他字幕素材粘贴不透明度关键帧。

09 在"节目监视器"面板中单击"播放 - 停止切换"按钮，预览字幕的变化效果，如图 14-39 所示。

图 14-39 预览字幕效果

14.3.6 编辑音频

01 将"项目"面板中的"音乐 .mp3"素材添加到"时间轴"面板的音频 1 轨道中，将其入点放置在第 0 秒的位置，如图 14-40 所示。

图 14-40 添加音频素材

02 将时间轴移到第 44 秒的位置，单击"工具"面板中的"剃刀工具"按钮，然后在此时间位置上单击鼠标，将音频素材切割开。

03 选择音频素材后面多余的音频，按 Delete 键将其删除，如图 14-41 所示。

04 展开音频 1 轨道，分别在第 0 秒、第 1 秒、第43 秒和第 44 秒的位置为音乐素材添加关键帧，如图 14-42 所示。

05 向下拖动第 0 秒和第 44 秒的关键帧，将其音量调节为最小，制作声音的淡入淡出效果，如图 14-43所示。

图 14-41 切割并删除多余的音频

图 14-42 添加音频关键帧

图 14-43 调节音频关键帧

14.3.7 输出影片

01 选中"时间轴"面板中的序列，然后选择"文件"|"导出"|"媒体"命令，打开"导出设置"对话框，在"格式"下拉列表中选择一种影片格式（如H.264)，如图 14-44 所示。

图 14-44　选择影片格式

02 在"输出名称"选项中单击所要输出影片文件的名称，如图 14-45 所示。

图 14-45　单击所要输出影片文件的名称

03 在打开的"另存为"对话框中设置存储文件的名称和路径，然后单击"保存"按钮，如图 14-46 所示。

04 返回"导出设置"对话框，在"音频"选项卡中设置音频的参数，如图 14-47 所示。然后单击"导出"按钮，将项目文件导出为影片文件。

图 14-46　设置文件的路径和名称

图 14-47　设置音频参数

05 将项目文件导出为影片文件后，可以在相应的位置找到这个导出的文件，并且可以使用媒体播放器对该文件进行播放，如图 14-48 所示。至此，完成了本案例的制作。

图 14-48　播放影片

14.4 本章小结

　　本章介绍了 Premiere 在影视编辑案例中的具体运用。通过本章的学习，读者应该能掌握影视编辑过程中的常见流程和方法。在影视编辑过程中，应先将需要的素材对象导入"项目"面板中，并对相同类型的素材进行归类管理，以便在影片编辑过程中可以快速找到需要的素材。然后将素材添加到"时间轴"面板中进行视频编辑，在编辑过程中，通常需要对素材的持续时间、不透明度进行设置，以达到需要的效果。最后需要将编辑好的项目对象导出为影片文件。